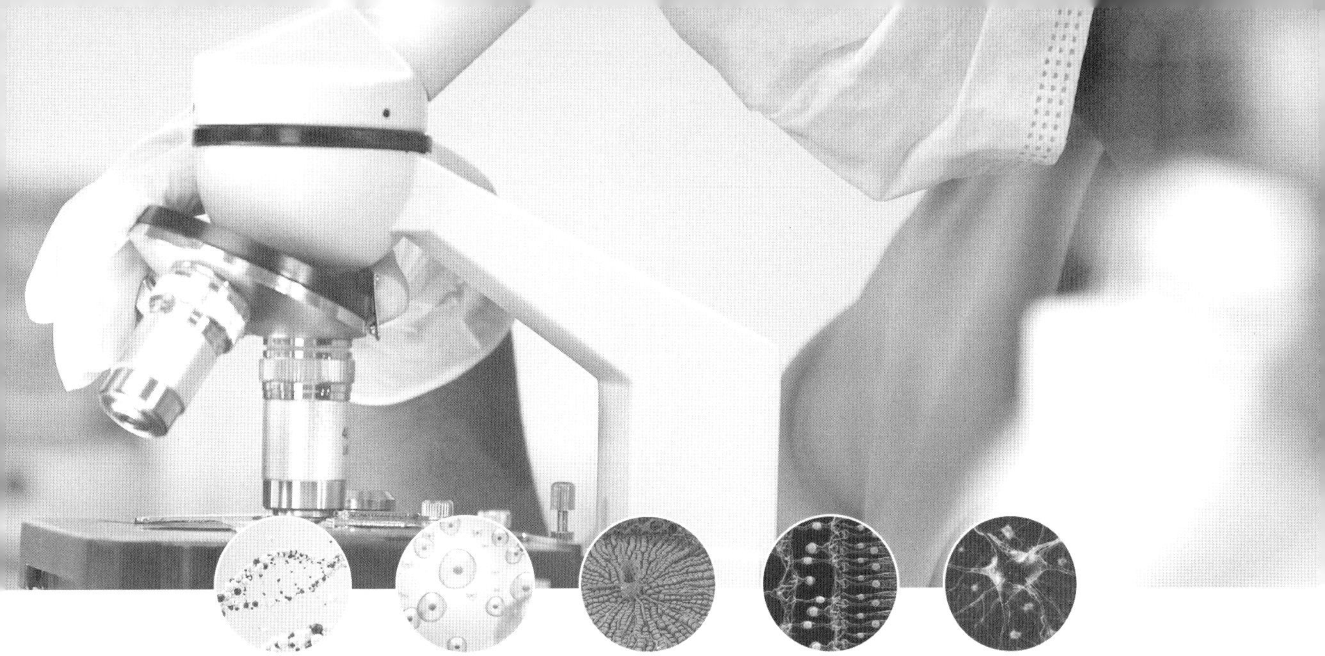

BIOLOGY EXPERIMENT

생물학 실험

김명옥

녹 문 당

머리말

기초자연과학 학문 중 생명과학이 가장 빠르게 진보(새로운 인체 응용 가능한 의약학 등)되고 있는 분야로 생물학은 모든 생명과학의 근간이 되는 중요한 학문으로 요즘 생물학은 엄청 빠른 속도로 발달해 가고 있다. 더불어 더 많은 기초생물학 및 생물학 실험강좌를 개설하고 있다. 유기체의 구조와 기능을 연구대상으로 하는 생물학은 기초과학으로서의 그 역할이 막중하며 학문의 성격상 실험과 실습을 통한 교육과 학습이 필수적이다. 생물학은 그 자체가 학문적 연구과제일 뿐만 아니라, 필요에 따라 응용학문인 의학, 약학, 간호학, 수의학, 농학, 임학, 축산학, 가정학, 생명공학과, 환경과학 등의 이론적 기반을 제공하며 이러한 응용생명과학을 전공하는 학생들에게는 필수적인 학문이다.

이 생물학 실험서는 다양하고 새로운 생물학의 내용들을 쉽게 접근하여 확인할 수 있도록 서술하였으며 생물학 전공뿐만 아니라 기초생명과학의 모든 분야, 그리고 응용생물학의 모든 분야를 전공하려는 학생들과 생물학에 관심 있는 모든 이들에게 도움이 되도록 구성하였다. 끝으로 이 교재를 준비하는데 자료와 조언을 아끼지 않은 조교 선생님들, 그리고 흔쾌히 출판해 주신 녹문당 사장님과 직원들에게 감사를 드린다.

본 생물학 실험서는 앞으로도 끊임없이 생명과학의 흐름에 맞추어 수정・보완되어야 할 것이며, 실제로 실험을 수강하는 수강생들에게 많은 도움이 될 것으로 생각한다.

2016년 2월 연구실에서 편저자

차 례

01 생물실험을 위한 기초

1 기구의 취급요령

① 시약병에 붙어 있는 라벨(label)은 그 시약을 쓸 때마다 반복해서 확인한다.
② 시약병의 뚜껑이 바뀌지 않았는지 혹은 다른 시약으로 오염되지 않았는지 확인한다.
③ 시약병의 라벨은 반드시 지워지지 않는 펜으로 쓴다.
④ 물중탕을 할 때에는 왁스 연필(wax pencil) 등으로 라벨하지 않는다.
⑤ 마킹펜으로 유리기구 위에 직접 라벨했을 때에는 씻어낼 때 확인한 후에 씻는다.
⑥ 비누에 지워지는 것과 유기용매(아세톤 등)에 지워지는 것을 구분한다.

[1] 유리기구의 세척

유리기구는 사용했던 물질의 성질에 따라 세척을 달리해야 한다.

① 기름과 같이 닦아 낼 수 있는 것은 먼저 종이로 닦아 준다.

② 내용물의 오염은 가능한 한 기계적으로 제거해야 한다.
기계적인 제거에는 브러시, 수세미, 스펀지, 헝겊, 거친 모래, 중성세제, 비누 등이 쓰인다. 보통은 가루비누와 브러시를 쓴다. 브러시가 바닥이 둥근 플라스크의 바닥에 닿지 않을 때에는 세척용 모래 등을 넣어서 흔든다. 체적계(메스실린더, 메스플라스크, 메스피펫)의 세척은 가벼운 상처도 생기지 않도록 해야 한다.

③ 용매로 세척한다.
②의 방법으로도 되지 않으면 오염의 본질에 따라 그것을 용해시킬 수 있는 용매

를 사용한다(산, 알칼리, 유기용매 등을 사용한 후에 그 폐액을 회수병에 보관해 두었다가 활용하면 좋다). 이때 약간 가열하면 빨리 용해되어 깨끗해진다.

ⓐ 오염의 본질에 있어서 염기성 물질의 경우는 황산, 염산, 질산 등을 사용한다.

ⓑ 산성 때문에 생긴 오염은 가성알칼리(반응에 쓰고 남은 폐액이 좋다)를 넣고 흔들면서 가열한다.

ⓒ 오염원이 유기물이라면 크롬산 혼합용액을 넣어 둔다.

ⓓ 그렇게 해도 씻어지지 않으면 묽은 불화수소산 수용액으로 세척한다.

④ 수돗물에 브러시를 사용하여 씻는다.
수돗물로 충분히 씻지 않으면 건조했을 때 기구에 흰 가루가 묻어 있는 경우가 있다.

⑤ 증류수 또는 이온수로 여러 번 헹군다.

[2] 유리기구의 건조

① 자연방치 건조 – 깨끗하고 먼지가 없는 곳에 기구를 거꾸로 보관하는 방법으로, 편하기는 하지만 시간이 걸린다.

② 열풍 건조 – 급히 건조시킬 때는 열풍을 이용하여 건조시킨다.

③ 약품 건조 – 비등점이 낮은 용매를 사용하는 것으로, 특수한 경우에만 사용한다. 예컨대, 물로 씻은 기구를 알코올로 씻고 계속해서 에테르로 씻으면 바로 건조된다. 이때 용매는 100% 순수한 물질이어야 한다.

④ 이 밖에 공기, 전열건조기로 건조시키는 경우가 있는데, 전열건조기의 사용은 열팽창에 의해 영향을 받게 되는 체적계 등에는 사용해서는 안 된다.

[3] 플라스틱 기구의 세척

플라스틱을 세척할 때에는 그 소재의 화학적인 성질을 알고 특별한 주의하여야 한다.

① 폴리에틸렌으로 만들어진 기구를 준비했을 때에는, 맨 처음 사용 전에 8M urea(pH 1.0)로 씻는 것이 필요하다.

② 증류수로 헹구고 1N KOH로 씻은 후, 증류수로 헹군다.

③ 10~3M EDTA로 씻어 주어서 금속이온 오염을 제거한다.

④ 증류수로 여러 번 반복해서 헹구어 준다.

⑤ ①~④까지 전처리가 끝난 후에는, 사용할 때마다 0.5% 세척용액으로 씻어 준다.

[4] 피펫의 세척

피펫의 경우에는 청결에 대하여 특별한 주의가 필요하다. 왜냐하면 이것은 시약을 이전시키는 데 사용되며, 또 내부벽이나 끝에 시약이 쉽게 말라붙어서 시약의 이전에 오차를 발생시키거나 시약을 오염시키기 때문이다. 이것을 씻을 때에는 반드시 끝이 위로 향하게 하여 0.5% 세척용액에 담가서 하룻밤을 지낸 다음 여러 번 반복해서 수돗물로 씻어낸 후 증류수로 헹구어 말린다.

[5] 증류기의 세척

① 먼저 뜨거운 물에 찬 액체세제(고체는 안 된다)로 잘 씻고, 황산・질산의 혼합용액으로 닦은 후, 증류수로 헹군다.

② 증류기를 조립한 후 끓인 접시(boiling pot)에 증류수를 넣고 히터를 붙인 다음, 냉각관(콘덴서)에 물을 넣지 않은 채 수 시간 동안 스팀으로 세척한다(즉, 수증기를 내뿜게 한다).

③ 이어서 냉각기에 물을 넣어 그것을 받는 용기에 물을 담는다.

2 증류수와 이온수

생물실험실에서 가장 흔히 쓰이는 용매는 물이다. 어떠한 용액을 만드는 데에도 절대로 수돗물을 사용하지 않아야 한다. 반드시 순수한 물을 사용하여야 한다. 즉 증류수나 이온수를 이용해야 한다. 그러나 이런 수질도 때로는 문제가 될 수 있다. 즉, 이온수의 경우 이온교환수지를 통과하여 금속이온은 제거되나, 폴리머수지를 통과할 때 수지로부터 나온 유기물이 오염될 수가 있다. 이런 오염은 UV 흡광도를 높이게 된다.

증류수의 경우에는 금속증류기나 유리증류기로 증류하여 만든다. 따라서 이때에는 유기물 오염은 문제가 안되나, 때로 금속이온을 함유하여 시약과 반응함으로써, 반응결과에 오차가 생길 수 있다.

모든 물은 저장과정에서 오염될 수 있다. UV 측정에 문제를 일으키는 유기물은 플라스틱 저장용기로부터 저장기간 동안에 유리되어 나오고, 때로는 유리기구의 표면으로부터 금속이온이 떨어져 나올 수 있다. 증류수에서 세균이 자라나는 것은 흔히 있는 일이다. 따라서 물은 저장할 때에는 세심한 주의가 필요하다. 즉, 순수한 물을 저장할 때에는 뚜껑으로 완전히 밀봉하고 냉장실에 보관하는 것이 좋다. 보관 중에 혼탁이 생겼을 때에는 그 물을 버린다. 특히 흡광도 측정시나 형광 측정할 때에는 특수하게 처리한 순수한 물이야 한다.

3 용액의 제조

정밀한 실험이 아닐 때에는 구입한 시약을 또 한번 순수정제하지 않고 그냥 사용할 수 있다. 시약은 고체, 액체 또는 기체이다. 반응 생성물의 상태는 고려하지 않고 단순하게 A, B 두 종의 시약반응만을 고려하면 그 조합은 다음의 9가지가 된다.

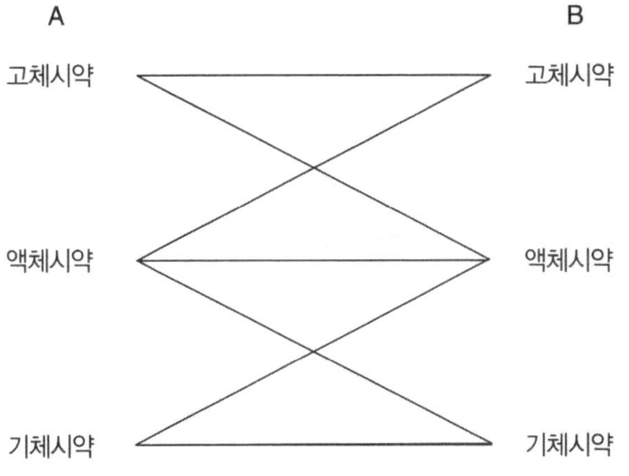

이들 화학반응을 부드럽게, 또한 균일하게 진행시키려면 시약을 용액상태로서 반응시킨다. 예컨대 고체, 액체, 기체시약의 용액과 반응 및 용액과 용액반응 등이다.

[1] 농도의 정의

1) 물리적 표시법

용매 또는 용액의 일정한 부피나 중량, 그 중에 녹아 있는 용질의 부피나 중량으로 나타낸다.

① 퍼센트(w/w) 용액 – 100g의 용액 속에 일정 g의 용질이 녹아 있는 용액

② 퍼센트(v/v) 용액 – 100mL의 용액 속에 일정 mL의 액체의 용질이 녹아 있는 용액

③ ㎎% 용액 – 100mL의 용액 속에 일정 ㎎의 용질이 녹아 있는 용액

2) 몰(molarity) 농도

1(L)리터의 용액 속에 일정 몰(mole)의 용질이 녹아 있는 용액

① g/㎎ = mole 수

② ㎎/MW = millimole 수

③ ㎍/MW = micromole 수

3) 몰랄(molality) 농도

1,000g의 용매에 포함되어 있는 용질의 몰(mole) 수

4) 노르말(normality) 농도

1(L)리터의 용액 속에 포함되어 있는 당량 수

[2] 각종 시약농도의 조제법

1) 액체시약의 수용액

액체시약을 희석하여 원하는 농도의 용액을 만들기 위해서는 먼저 시약의 농도와 밀도로부터 희석률을 계산해야 한다. 농도가 높은 용액을 희석하는 경우는 먼저 용매에 원액을 넣게 된다. 특히, 황산을 희석하는 경우는 발열이 심하므로 주의해야 한다. 또 암모니아수 등은 암모니아의 휘발성이 강하므로 조제 후 보관에 주의해야 한다.

2) 고체시약의 수용액

시약의 필요량을 천평으로 달고 용매에 용해시킨다. 약간 따뜻하게 하면 빨리 용해된다. 특히 갈색의 시약병에 넣어서 시판된 시약을 조제할 때에는 그 갈색 시약병에 넣어 보관해야 한다.

3) 표준액(standard solution)

용량 분석할 때 적정 중에 일어나는 화학반응과 관계되는 성분을 분석할 때, 정확성을 지닌 용액을 표준액이라 한다. 표준액에 기준물질로서 알려진 양만큼 들어 있는 것을 표준물질이라 한다. 이 물질의 일정량을 정확하게 정량해서 물에 녹여 일정한 부피의

용액으로 만들 때 얻어지는 표준액을 1차 표준물질(primary standard substance)이라고 한다.

4 완충액 제조와 pH측정

1) 강의 개요

생물체가 기능을 하기 위해서 산성도 pH에 의존한다. 몇 가지 약산과 약염기를 혼합하여 완충용액을 조제해 보고, pH 변화를 측정하여 완충용액의 특성을 알아본다.

2) 강의 목표

수용액의 산성도의 개념을 습득하고 산성도 pH를 일정하게 유지시켜 주는 완충액으로 pH 완충작용의 원리를 각종 시약을 적정하면서 pH 변화를 관찰 비교한다.

[1] 실험 원리

1) 용액에 녹아 있는 용질의 농도는 다음과 같은 방법으로 나타낸다.

① 몰 농도(molarity, mol/L, M)는 용약 1L에 들어 있는 용질의 몰(mole) 수로 표시한다. 1mole(M)이란 아보가드로의 수(Avogadro number, 6.0221438×10^{23})만큼의 물질로, 화합물의 경우 분자량이나 원자량에 g을 붙인 양만큼이 1mole(M)에 해당된다. 예로, 12C 원자 12g이 1mole(M)이다.

② 백분율 농도(percent concentration, %)

$$\text{무게 백분율(w/w)} = \frac{\text{용질의 질량}}{\text{용액 전체의 질량}} \times 100$$

$$\text{부피 백분율(v/v)} = \frac{\text{용질의 부피}}{\text{용액 전체의 부피}} \times 100$$

$$\text{무게/부피 백분율(w/v)} = \frac{\text{용질의 질량}}{\text{용액 전체의 부피}} \times 100$$

③ 노르말 농도(normality, N)는 용약 1L 속에 포함된 용질의 그램당량으로 표시한다. 그램당량은 보통 화합물의 경우에는 그 화합물의 분자량을 화합물에 포함되어 있는 H^+이나 OH^-의 수로 나눈다. 예로 염산(HCl)의 경우 몰 농도와 노르말 농도가

같으나 황산(H_2SO_4)의 경우는 노르말 농도는 몰농도의 두 배이다.

2) 수소이온의 농도와 산성도

산성도란 수용액에 들어있는 수소이온(H^+)의 양으로 결정도이며 수용액의 수소이온 농도는 다음과 같이 정의된 pH를 써서 표시한다.

$$pH = -\log[H_3O^+] = -\log[H^+]$$

만일 $[H_3O^+]$가 1.0M이면 pH는 0, $[H_3O^+]$가 10^{-6}M이면 pH는 6이다. pH가 높을수록 수소이온 농도는 낮다. 즉, pH의 한 단위 증가는 수소이온 농도의 10배 감소한다. 중성의 pH는 7.0이고, 산성의 pH는 7.0보다 작으며, 알칼리성의 pH는 7.0보다 크다.

3) 강산, 약산 그리고 전체 산도(total acidity)

강산이란 물에 녹아 수소이온을 많이 만드는 산이며, 약산이란 물에 녹아 적은 양의 수소이온을 만드는 산을 가리킨다. 예로 황산(H_2SO_4)이나 염산(HCl)은 강산이고, 초산(CH_3COOH)은 약산이다. 전체의 산도는 산의 당량을 의미한다. 즉, 같은 농도의 염산과 초산은 당량이 같으므로 전체의 산도는 같다. 산이 적정한 때에는 염산과 초산의 농도가 같으면 강산이나 약산과는 상관없이 동일한 양의 염기가 소모된다.

4) 완충액의 정의(buffer)

생체 내에서 일어나고 있는 생화학적 반응은 주로 pH 7.4±0.4의 한정된 범위 내에서 일어난다. 실제로 생체 내에서는 대사 과정을 통해 다량의 염기나 산이 생성되지만, 이러한 물질들에 의해 체내의 산도가 크게 변하지 않는다. 이는 일차적으로 체내에 있는 여러 가지 완충제들(무기이온, 단백질, 아미노산 등)에 의해 수소이온 농도의 급격한 변화를 방지하기 때문이며, 또한 생체의 여러 기작을 통해 생체내 산이나 염기가 몸 밖으로 배설되기 때문이다. 따라서 생체에서 일어나는 신진대사는 좁은 범위 pH에서 진행되므로 매우 중요하다.

완충액은 일반적으로 약산(HA)과 그 짝염기(A-)로 이루어져 있으며, 소량의 산(H^+) 또는 염기(OH^-)가 외부로부터 유입되었을 때 용약의 pH 변화를 최소화시키는 역할을 한다.

- 완충용액의 조제 : 약한 산과 그 염 또는 약한 염기와 그 염을 같은 농도로 조합하면 적당한 pH를 나타내는 완충용액을 조제할 수 있다. 예를 들면, 혈장은 pH의 변

화를 0.2 이내로 유지하는데 이상적인 완충용액이다. 즉 혈장의 pH는 7.2~7.3으로 유지되고 있는데, 이 pH에서 멀어지면 생명이 유지되지 못해 죽을 수도 있다. 또한 생체 촉매인 효소의 촉매작용도 일정한 pH에서 최대가 된다.

그러나 너무 많은 양의 산이나 염이 가해지면 완충제가 모두 소모되어 pH 변화를 더 이상 막지 못한다.

완충액 pH는 다음의 식으로 나타내며, 헨덜슨 방정식(Henderson-Hasselbalsh equation)이라고 부른다.

$$pH = pKa + \log \frac{[A^-]}{[HA]}$$

완충액 pH=pKa, 즉 $[HA] = [A^-]$일 때 가장 완충능력이 강하다.

완충능력은 완충액의 양과 두 가지 완충액 구성분자의 농도에 의해 결정되며, 완충액의 농도는 완충액을 구성하고 있는 약산과 그 염기의 농도의 합으로 표시한다. 예를 들면, 0.5M의 $H_2PO_4^-/HPO_4^{2-}$ 완충액에서 농도의 합이 0.5mole/L이다.

또는 0.1M 아세트산 완충용액이라면 물 1L 속에 0.05M의 아세트산과 0.05M의 아세트산나트륨이 녹아 있는 것이다.

또한 완충능력은 어떤 염기와 그 짝이 되는 산의 비에 따라 달라진다. 약한 산에 대응하는 염기와 그 약한 산의 농도비가 같을 때 완충능력이 가장 크다. 예를 들면, 아세트산의 적정곡선에서 알칼리(또는 산)의 일정량을 가했을 때 pH의 변화가 가장 작은 곳은 pKa점인데, 이 때 CH_3COO^-의 농도와 CH_3COOH의 농도비가 1이다. pKa에서 많이 떨어진 부분에서는 대응하는 염기와 산의 농도비가 1에서 멀어지게 되므로 가한 산이나 알칼리의 일정량에 대한 pH의 변화는 크다.

- 완충영역 : 약한 산을 약한 염기로 적정할 때 OH^- 이온을 가해도 pH가 느리게 변하는 영역이 완충영역이다.
- 완충값(buffer value) : 완충용액의 pH 변화를 억제하는 능력을 말하며 완충지수(buffer index)라고도 한다. 완충값은 완충용액 1L의 pH를 1만큼 변화시키기 위하여 가해 주어야 하는 산이나 염기의 몰 수로 정의한다.

이러한 각종의 표준적인 pH의 완충용액이 pH meter에 의한 pH 측정 등 여러 가지 목적의 실험에 사용된다.

5) 지시약(Indicator)

일정한 pH 범위에서 다음과 같이 색깔이 변하는 시약으로 어떤 수용액의 pH를 알아내는데 사용한다.

지시약	색 변화(산 → 염기)	측정 pH 범위
페놀프탈레인 (Phenolphthalein)	무색 → 붉은색	8.2~10.0
티몰불루 (Thymol blue)	붉은색 → 노란색	1.2~2.8

[2] 실험 기구 및 재료

0.1N HCl, 0.lN NaOH, 0.lM Sodium acetate(MW.82) 0.2M $Na_2HPO_4^{2-}$(MW.358.14), 0.2M $NaH_2PO_4^{-}$(MW.156.01), 표준용액(pH = 4.0, 7.0), 지시약, pH meter, pH test paper, 100mL 비이커, 생수, 수돗물, 콜라, 오렌지주스, 우유, 커피 등 실험에 필요한 기구와 재료를 포함한다.

[3] 실험 방법

1) pH meter를 표준용액으로 보정한다.

2) 100mL 비이커에 다음과 같이 용액을 넣고 pH paper로 측정한 후, 지시약을 다섯 방울 떨어뜨린다. 색의 변화를 관찰한 후, 다시 pH를 측정한다.

① 증류수 50mL
② 증류수 50mL + 0.lN HCl 0.lmL
③ 증류수 5mL + 0.lN NaOH 0.lmL
④ 0.2M Phospate buffer
⑤ 0.2M Phospate buffer + 0.lN HCl 0.lmL
⑥ 0.2M Phospate buffer + 0.lN NaOH 0.lmL

3) 제조한 0.1M Sodium acetate(아세트산염) 완충액에 0.1M의 NaOH를 100ul씩 떨어뜨리고 적정하면서 pH 변화를 pH paper로 추적한다. 그리고

Sodium acetate 완충액의 pH를 Handerson-H 공식을 계산하여 실험치와 이론치를 비교한다. (단, pKa = 7.4)

4) 1M 인산 완충액 만들기(pH 7.4, 1L)

① pH 7.4인 1M Phosphate buffer를 만들기 위하여 필요한 $Na_2HPO_4^{2-}$, $NaH_2PO_4^-$의 비율을 정하고, 분자량에 의해서 구한다. (단, pKa = 6.8)

② Henderson공식에 의거 $Na_2HPO_4^{2-}$(염)와 $NaH_2PO_4^-$(산)의 비율은 4:1이고, 완충액의 몰농도는 [염]과 [산]의 몰농도의 합과 같다.

③ [염] + [산] = 1, [염] / [산] = 4/1, [산] = 0.2, [염] = 0.8이다.

④ $NaH_2PO_4^-$(MW.120)은 120 × 0.2 = 24g, $Na_2HPO_4^{2-}$(MW.142)은 142 × 0.8 = 113.6g

⑤ 두 물질의 무게를 재고, 1L를 만든 후 pH를 측정한다.

[4] 결과 및 고찰실험 방법

1) pH의 측정 및 색의 변화

	pH →	색 변화 →	pH
①			
②			
③			
④			
⑤			
⑥			
⑦			

2) 0.1M의 Sodium acetate(아세트산염)에 0.1M의 NaOH를 일정한 양만큼 떨어뜨리면서 용액의 pH 변화를 측정한 값을 아래 그래프에 점으로 표시하여 아세트산의 적정곡선을 그리시오.

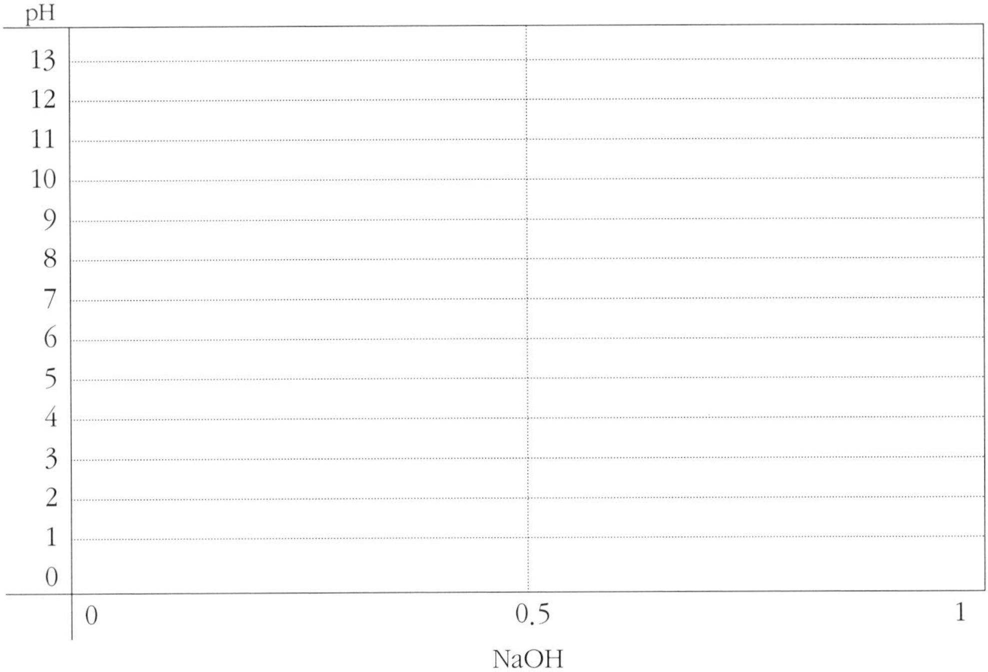

〈아세트산(약산)의 적정곡선. [염]=[산]일 때, pH 변화는 최소임〉

3) 실험에서 pH 측정의 중요성은 무엇인가? 준비된 용액들(생수, 수돗물, 녹차, 콜라, 커피, 주스, 우유, 사이다 등)의 pH를 측정해보시오.

①	pH=	⑤	pH=
②	pH=	⑥	pH=
③	pH=	⑦	pH=
④	pH=	⑧	pH=

5 수소이온 농도 측정

pH meter를 이용하여 측정한다.

① 먼저 표준 pH 용액을 사용해서, pH meter를 6.86에 조정(calibration)한다. 그런 다음, 전극을 증류수로 닦는다. 이때, 전극에 정전기가 유발하기 때문에 물에 적신 종이로 전극을 닦으면 안된다. 세심하게 전극에 묻어 있는 물은 종이 위에 살짝 대 주어서 습기를 철저하게 제거한다.

② pH 4.0의 표준용액을 사용해서 다시 한번 pH를 측정해 본다. 이때 pH가 맞지 않으면 다시 한번 조정한다.

③ 용액의 pH를 측정한다. 주의할 것은 한 용액을 측정한 후에 반드시 전극을 증류수로 닦아내야 한다.

6 실험실 안전법

실험에서 안전사고를 예방하기 위해서 아래 사항을 준수하여야 한다.

① 콘택트렌즈의 사용을 피한다.

② 실험복을 착용한다.

③ 시약의 원액병으로부터 시약을 피펫팅해서 사용하지 말고, 쓸 만큼의 시약을 작은 병에 부어놓고 사용한다. 쓰던 시약을 원래 든 시약병에 다시 붓지 말아야 한다.

④ 발화성 혹은 인화성 용액을 사용할 때에는 버너를 사용해서는 안 되고, 휘발성 액체를 냉장고에 보관해서는 안된다.

⑤ 셀룰로오즈 나이트레이트 플라스틱 제품은 세척 후에 오븐 속에 말리면 안된다.

⑥ 소화기, 안전 샤워기, 눈 세척기, 응급치료 키트를 실험실에 준비해야 한다.

⑦ 모든 시약들이 피부에 닿지 않게 한다. 만일 손에 묻었을 때에는 즉시 씻어 내어야 한다.

⑧ 독성기체를 내는 휘발성 액체를 다룰 때에는 후드(hood) 안에서 다룬다.

⑨ 유해성 및 공해성 물질을 버릴 때에는 폐기용기를 따로 마련하여 버린다. 방사성 물질을 버릴 때에도 특수폐기용기에 버린다.

⑩ 방사성 물질을 다룰 때에는 방사조끼와 고무장갑을 착용하고, 실험 후에는 주위를 방사선 측정기로 점검한다.

⑪ 방사성 물질을 다룰 때에는 방사선 안전관리지침에 따라야 하며 실험대, 시약, 실험기구들이 방사성 물질로 오염되지 않도록 주의한다. 실험대 위에는 일회용 커버를 깔고 실험하고, 실험 후 즉시 실험에 사용한 것을 방사성 물질 폐기용기에 버린다.

02 현미경의 원리와 사용법

1 목 적

사용목적에 따른 여러 가지 현미경의 종류를 알아보고, 특히 실험실에서 일반적으로 쓰이고 있는 광학현미경에 대한 사용법을 익힌다.

2 이 론

[1] 현미경(microscope)의 종류와 구조

생물체는 미세한 구조로 되어 있기 때문에 육안으로 구별하는 것은 어려워 그 자세한 구조를 알기 위해서 확대를 위한 현미경을 사용한다. 현미경은 광학렌즈를 이용하여 물체의 구조를 확대시켜 그 해상력을 증대시켜 주는 기구로서 물체의 구조를 밝히는 데 가장 중요한 기구이다. 그러므로 사용목적에 따라 개발된 여러 종류의 현미경이 있으므로 구조를 이해하고 사용법을 잘 익히는 것은 중요하다.

[2] 현미경의 종류

현미경의 종류는 여러 형이 있지만 이것을 둘로 나누면 크게 광학현미경과 전자현미경으로 나눈다. 광학현미경은 보통 사용되고 있는 단안현미경 외에 양안을 동시에 사용하는 쌍안현미경이 있고, 그 사용목적에 따라서 다음과 같은 것이 있다.

1) 쌍안해부현미경(stereo dissecting microscope)

육안과 같이 반사광을 이용하여 물체를 입체적으로 볼 수 있기 때문에 현미경 아래에서 조작해 가며 사용할 수 있다. 배율은 비교적 낮아 10~50배 정도이다.

2) 광학현미경(optical microscope)

표본으로 빛을 써서 대물렌즈에 의하여 표본이 확대된 실상을 맺고, 이것을 대안렌즈에 의해서 다시 확대하는 장치로 보통 현미경이다. 물체에 빛이 투과되어야 볼 수 있기 때문에 피검체의 두께는 빛이 투과될 만큼 얇아야 한다.

대물렌즈와 대안렌즈로 되어 있기 때문에 복합현미경(compound microscope)이라고도 한다. 단안(monocular)과 쌍안(binocular) 그리고 사진기를 부착하여 3안(trinocular)이 있는데 기본구조는 모두 같다.

3) 수평현미경(horizontal microscope)

경통이 수평으로 되어 있어 뿌리의 생장 등을 관찰하기 편리하도록 만든 것이다.

4) 원심현미경(centrifugal microscope)

원심분리기에 장치할 수 있는 것으로 원심력의 영향을 연속적으로 볼 수 있도록 고안된 것이다.

5) 자외선현미경(ultraviolet microscope)

가시광선(4,200~7,500Å) 대신에 파장이 짧은 자외선(2,700Å)을 사용하여 해상력을 거의 두 배로 높일 수 있는 현미경이다. 단, 슬라이드 글라스와 커버글라스는 가능한 한 수정유리를 사용해야 하며, 물체의 상은 현미경 사진으로 찍히지 않는다.

6) 형광현미경(fluorescence microscope)

생물체 내부의 형광성물질(예: pterin類, riboflavin 등)이 자외선에 의해 형광을 이용하여 관찰하는 현미경이다. 형광물질의 분포를 알거나 또는 형광색소(fluorescein, eosin)로 생체를 염색하여 물질의 이동이나 세포의 투과성 등을 조사하는 데 사용한다.

7) 편광현미경(polarization microscope)

전분이나 기타 결정성의 세포 내 함유물이나 세포막의 연구에 이용되고, 세포 내의 활

성물질 가운데도 광학적 이방성(異方性)의 구조(예: 방추제, 염색체)가 있기 때문에 이들의 미세구조를 연구하는 데 사용한다.

8) 위상차현미경(phase contrast microscope)

보통 현미경으로 살아 있는 세포를 보면 세포질은 대부분 투명하고 균질로 보인다. 우리는 이 속에 들어 있는 서로 다른 물질을 염색을 통해서 구별하는 것이 보통이지만, 위상차현미경을 사용하면 염색하지 않은 살아 있는 상태에서도 이를 볼 수 있다. 왜냐하면 구조적으로 두께가 서로 다른 부분을 투과하는 광파에는 위상차가 생기기 때문에 이들을 명암으로 나타나게 할 수 있기 때문이다. 피검체 내의 위상의 잔상을 나타내는 부분(예: 염색체)이 다른 부분(예: 세포질)보다 어둡게 보이도록 설계된 위상판을 갖는 것을 positive 또는 dark contrast라 하고, 밝게 보이도록 된 것을 negative 또는 bright contrast라 한다. 546㎛의 파장에서 명암의 대조가 잘 나타나기 때문에 녹색필터를 사용한다. 생체 또는 고정상에서도 염색하지 않은 상태로 관찰할 수 있다. 또한 여기에 시각영화촬영기를 연결하여 사진을 찍는다면 표본에서 운동과 변화를 뚜렷하게 볼 수 있다.

9) 현미해부현미경(microscopic dissecting set)

고배율로 관찰하면서 피검물을 침으로 찌르거나 주사하는 등, 여러 조작을 할 수 있는 기구가 현미경에 부착되어 있다. 나사로 움직이는 형과 공기압으로 움직이는 형이 있다.

10) 전자현미경(electron microscope)

광선 대신에 전자선을 이용하여 광의 파장보다도 작은 것을 볼 수 있는 현미경이다. 보통 광학현미경에서 광파장은 4,200~7,500Å의 범위로 한정되지만, 전자현미경에서는 그 파장이 전자의 속도에 따른다. 즉 파장은 전자를 가속시키는 전위차에 의해 변하며, 가속전위차 제곱근의 역수에 비례한다. 전자현미경을 사용하여 얻은 해상력은 광학적인 것의 1,000배 정도로 0.004㎛ 정도까지 볼 수 있다. 생물조직의 초현미경적 구조의 대조를 높이기 위해서 오스미움산이나 인몰리브덴산과 같은 중금속원자를 함유하는 용액으로 조직파편을 처리하면, 이들 원자는 조직의 특수한 부분에 선택적으로 흡수되기 때문에 그 부분에서 전자가 산란되어 내부의 대조를 높일 수 있다. 이는 광학현미경에 있어서 조직염색과 비교할 수 있으며 전자염색이라 한다. 엽록체, 미토콘드리아, 편모, 염색체, 정자, 핵막 등이 전자현미경에 의해 자세히 알려졌다.

[3] 현미경의 구조와 원리

현미경의 구조는 일반적으로 [그림 2.1]과 같고 그 구성을 설명하면 다음과 같다.

1) 대안렌즈(ocular lens)

약 3~5㎝ 가량의 원통의 양 끝에 각각 한 개의 렌즈가 있다. 윗부분 끝의 눈렌즈, 아랫부분의 렌즈는 집광렌즈로서, 양 렌즈 사이에 고정된 조리개가 있어 렌즈의 수차를 제거하여 시야를 결정한다. 이것을 현미경 경통 위에 낀 후, 눈을 근접시켜 들여다보게 된다. 그 상면에는 상자번호와 번호가 쓰여 있고, 또 여러 문자나 숫자가 새겨져 있다. 일반적으로 제작회사명과 배율이 새겨져 있지만, 배율만 새겨진 것도 있다. 각 현미경에는 저배율을 나타내는 렌즈와 고배율을 나타내는 렌즈가 각각 한 개씩 있으므로, 사용할 때는 알맞은 것을 골라 쓴다. 그러나 항상 저배율의 것을 끼워 두는 것이 좋다. 사용 후 현미경 상자에 넣어 둘 때에는 현미경 안에 먼지가 끼지 않도록 대안렌즈 한 개는 항상 끼워 둔다.

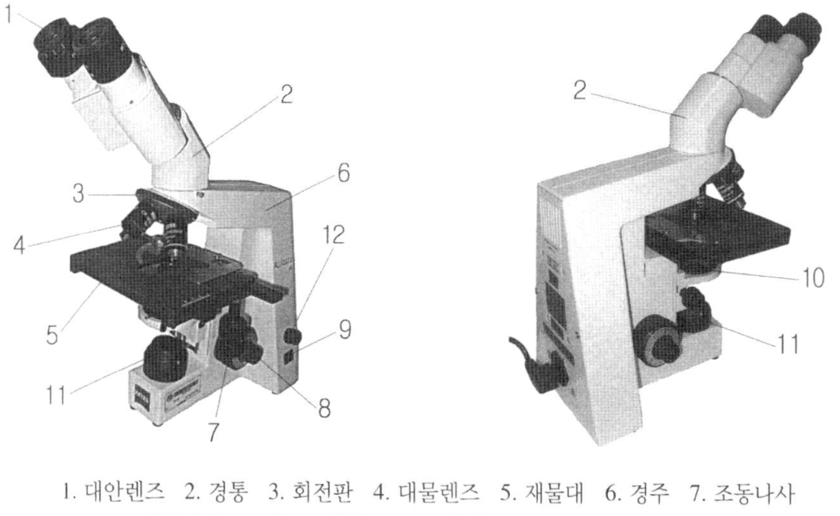

1. 대안렌즈 2. 경통 3. 회전판 4. 대물렌즈 5. 재물대 6. 경주 7. 조동나사
8. 미동나사 9. 램프스위치 10. 조리개 11. 램프 12. 램프조절기

[그림 2.1] 현미경의 구조

2) 경통(body tube)

위의 대안렌즈를 끼우게 되어 있는 10여 ㎝ 가량 되는 원통부분이다. 그 앞면에는 보통 제작회사명과 번호가 새겨진 경우가 많다.

3) 대물렌즈 교환기(objective revolver; nonsepiece)

경통 아래쪽의 검은색 금속부분으로 회전할 수 있도록 되어 있다. 밑으로 구멍이 여러 개 뚫려 있는데 여기에 대물렌즈를 끼운다. 교환기가 없는 현미경은 경통의 하단에 직접 끼운다.

4) 대물렌즈(objective lens)

약 3~4㎝ 가량 되며, 한쪽 끝은 나사로 되어 있다. 이것은 렌즈를 조합한 것이다. 이 나사부분을 대물렌즈 교환기에 끼운다.

각 현미경에는 저배율 렌즈와 고배율의 렌즈가 원통의 상자 또는 나무상자에 들어 있다. 이들을 대물렌즈 교환기에 끼워 서서히 회전시키면, 렌즈는 경통의 광축에 일치될 때 낮은 소리를 내며 멈추게 된다. 이로써 현미경은 사용할 수 있게 되며 확대율은 이때의 대안렌즈와 대물렌즈의 배율을 곱한 것이다. 대물렌즈 교환기가 물건에 부딪치거나 또는 그 회전을 주의하지 않으면 광축과는 일치하지 않게 되며 약간의 착오만 생기더라도 사용할 수 없다. 그 다음 경통을 상하로 움직이면서 초점을 맞추어야 한다. 이때 조동나사와 미동나사로 아래위로 조절한다.

5) 조동나사(macroscrew)와 미동나사(microscrew)

현미경의 아래 좌우에 같은 크기의 나사가 쌍으로 있는데, 이것이 조동나사로서 돌리면 경통이 상하로 움직인다. 그 안쪽에 붙은 작은 나사가 미동나사인데, 돌리면 경통이 상하로(1회전에 0.1㎜ 가량) 미세하게 움직인다. 이 나사는 한 방향으로만 돌리면 어느 점에서 멈추게 되므로, 그 움직일 수 있는 범위의 중앙에 사용해야 한다. 미동나사와 렌즈는 현미경의 정교한 부분이다.

6) 경대(stand)

상단에는 경통과 나사로 이어져 있고 하단에는 재물대, 반사경이 있어서 축으로 경각(base 또는 foot)과 연결되어 있으며, 중앙부분에는 경주(arm)가 있다. 이 부분을 잡아 위치를 바꾸거나 운반한다. 이때 다른 손으로 반드시 경각 밑을 받친다. 현미경을 앞으로 무리하게 기울일 수 있으나, 기울이지 않게 하여 사용한다.

7) 재물대(stage)

받침유리(슬라이드)를 놓는 네모 또는 둥근 대로서, 가운데에 둥글고 큰 구멍이 있고 경통의 광축에 대해 직각으로 되어 있는데, 여기에 힘을 주어서는 안 된다. 재물대 앞

좌우에 작은 구멍이 있으며 그곳에 흰 금속제의 클립(clip)이 끼여 있다. 이 클립으로 받침유리의 양끝을 눌러서 재물대에 고정시킨다. 재물대의 왼쪽 앞에는 재물대에 솟아나온 원형의 일부가 보인다. 이것을 왼손의 인지로 돌리면서 대물대의 중앙 구멍을 보면 점점 크기가 다른 둥근 구멍을 볼 수 있다. 이것이 조리개로서, 밑에서 들어오는 빛의 양을 조절한다. 대체로 대물렌즈의 시야와 같은 크기의 넓이로 조명되도록 적당히 조절하나, 보통은 가장 큰 구멍을 두면 좋다.

8) 반사경(mirror)

한 면은 평면경, 다른 한 면은 요면(凹面)경이다. 어느 방향으로든지 마음대로 회전할 수 있으므로, 적당한 방향으로 돌려 반사광이 재물대의 중앙 구멍을 통과하여 렌즈로 들어가게 한다. 원칙적으로는 평면경을 사용하지만, 집광기가 없는 현미경에서는 요면경이 보다 강한 광선을 반사하므로 결과가 좋아진다. 요즘은 빛의 밝기를 조절할 수 있는 램프를 이용한 현미경이 많이 이용되고 있다.

9) 집광기(condenser)

소형 현미경에는 반사경과 조리개뿐이지만, 개구수(開口數)가 큰 대물렌즈의 경우에는 광원으로부터 들어오는 빛의 성질을 적당히 변화시키고자 할 때에는 집광기가 없으면 안 된다. 집광기는 1~3매, 또 그 이상의 렌즈로 되어 있으며 볼록렌즈의 성질을 갖고 있다. 상단은 평면이고, 우수한 것은 구면수차나 색수차를 없앤 aplanat나 achromatic이 있다. 특수한 것에는 자외선을 투과시키는 석영집광기나 암시야조명에 쓰는 암시야집광기가 있으며, 위상차현미경의 집광기는 특수한 윤상조리개를 갖추고 있는 장치와 같이 붙어 있어 위상차현미경에만 전용으로 쓰게 되어 있다.

[4] 현미경의 원리와 배율

1) 현미경의 원리

육안으로 보는 것보다 더 자세히 물체를 관찰하기 위해서는 광학기기를 사용한다. 그 방법으로는 볼록렌즈를 사용하여 큰 실상을 만드는 경우와 볼록렌즈의 초점 내에 물체를 두고 허상을 보는 경우인데, 루페나 해부현미경으로 확대하는 방법은 전자이고, 현미경은 이 두 방법을 적당히 조합한 것이다.

2) 배율과 분해능

확대시킨 허상을 명시거리에 생기게 했을 때의 대략의 크기와, 렌즈 없이 직접 물체를 명시거리에서 두었을 때의 대략의 크기의 비가 배율(M)이며, 명시거리를 초점거리로 나눈 값으로 계산한다. 이렇게 계산하면 현미경의 합성렌즈계에서의 배율은 대안렌즈의 배율과 대물렌즈의 배율의 곱이 된다. 이것이 현미경의 배율이다.

가시광선을 사용하는 보통 현미경으로써 좋은 렌즈를 사용하더라도 두 점으로서 인정될 수 있는 가장 가까운 극한값, 즉 분해능은 약 0.2㎛이다(눈에서는 0.2㎜). 이 배율은 약 1,000배이다.

3 시약 및 재료

- 잡지에서 오려낸 사진 조각
- 헌 신문지 또는 잡지
- 샤프심, 머리카락
- 투명한 플라스틱 자
- 화장지

4 실험방법

[1] 현미경의 설치

① 현미경을 상자에서 꺼내면 창 쪽 또는 광원 쪽을 향해 실험대 위에 놓는데, 그 위치는 실험대 끝에서 향하여 현미경 높이의 약 2/3 이상의 여유를 두고 놓는다.

② 현미경을 운반할 때는 반드시 양손을 사용해야 하는데, 한 손으로는 경주(arm)를 잡고 다른 한 손으로는 현미경 밑(foot base)을 반드시 받쳐야 한다. 또 실험대에 현미경을 놓을 때는 큰 진동이나 충격을 주지 않도록 해야 한다.

③ 검경에는 가능하면 북쪽의 창가가 좋으나, 남쪽의 창가에서 실험을 할 때에는 태양광선의 직시광은 절대로 피해야 한다.

④ 가능한 한 똑바로 세워서 현미경을 보도록 습관이 되어야 한다. 특히 액체성 표본이나 현미화학적 실험에는 반드시 필요하다.

⑤ 검경자는 몸을 수직으로 유지할 수 있는 적당한 높이의 책상과 의자의 높이를 조절할 수 있는 회전의자를 선택하는 것이 좋다. 자세가 나쁘면 오랜 시간에 걸친 검경은 불가능하다.

[2] 예비조절

① 조동나사를 사용하여 경통을 올린다. 재물대로부터 1~2㎝ 높이 정도 떨어지게 올린다.

② 대물렌즈 회전 장치를 돌려서 저배율의 대물렌즈를 경통과 직선이 되게 한다. 필요없이 너무 높게 올리면 경통의 높이가 쉽게 마모되어 현미경이 고장나기 쉽다.

③ 조리개를 최대한으로 연다.

④ 반사경을 조절하여 광선이 렌즈 내에 들어오게 하여 직사광선을 피하여야 한다.

⑤ 광선이 강할 때에는 조리개로 조절한다.

⑥ 대물렌즈나 대안렌즈가 흐리거나 먼지가 있을 때에는 렌즈 페이퍼로 가볍게 닦는다.

[3] 검경 재료의 준비

① 슬라이드 글라스와 커버글라스를 깨끗이 닦는다.

② 신문지를 3㎜ 이하로 잘라 슬라이드 글라스 위에 놓고 물을 한 방울 떨어뜨린 후 기포가 들어가지 않게 커버글라스를 덮는다(소량의 기포는 관찰에 큰 지장이 없다).

> 커버글라스를 덮을 때에는 비스듬히 세운 커버글라스의 한쪽 끝을 물방울 끝에 댄 후 서서히 눕히면서 덮어야 기포가 생기지 않는다.

[4] 현미경의 초점 조절(focusing the microscope)

① 준비한 프레파라트를 재물대 위의 재물대의 구멍 한복판에 피검물이 오게 놓고 stage clips으로 고정한다.

② 옆에서 보면서 조동나사로 경통을 서서히 내려 대물렌즈가 프레파라트에 거의 닿게 내린다.

③ 대안렌즈로 들여다보며 조동나사를 서서히 올려서 상이 나타나게 한다(경통이 위아래로 오르고 내릴 때 나사의 방향을 잘 기억해야 한다).
④ 미동나사로 상이 더욱 뚜렷하게 보이도록 초점을 조절한다.
⑤ 조리개를 조절하면 상이 더욱 명확해진다.
⑥ 신문지 조각 위의 글자와 현미경 시야에 맺은 상의 글자의 위치관계를 비교한다.
⑦ 그 위치가 같지 않을 때에는 그 위치를 기록한다.
⑧ 다음에 대안렌즈를 들여다 보면서 슬라이드 글라스를 왼쪽에서 오른쪽으로 가만히 이동하며 그것이 시야 안에서 움직이는 것을 관찰한다.
⑨ 다음에는 슬라이드 글라스를 앞뒤로 이동시켜 그 움직임을 본다.
⑩ 대안렌즈 회전장치를 돌려서 고배율로 관찰한다.

> 앞에서 배운 바와 같이 고배율로 돌리면 초점이 조금 위에 있게 되므로 미동나사를 써서 조금 밑으로 경통을 내려 주어야 초점이 맞는다.

⑪ 대물렌즈와 커버글라스 사이의 거리를 작업거리(working distance)라고 한다. 저배율과 고배율의 작업거리는 각기 어떻게 다른가?
⑫ 고배율로 보았을 때 그 시야의 크기는 저배율의 경우에 비해 어떤가, 변화가 없다면 왜 그런가? 또 저배율에서 고배율로 돌림으로써 상의 위치는 어떻게 바뀌었는가를 확인한다.

[5] 확대(magnification)

① 대안렌즈와 대물렌즈에는 각각 그 렌즈의 배율이 새겨져 있다.
② 복합배율은 대안렌즈와 대물렌즈의 배율을 곱한 것이다(예: 10 × 10 = 100배, 10 × 40 = 400배). 각자 자기 현미경의 고배율과 저배율의 배율을 계산한다.

[6] 현미경 밑에서의 측정

① 현미경 밑에서의 측정에는 1/1,000㎜, 즉 micrometer(약자 ㎛)를 사용한다.
② 현미경 밑의 물체의 크기는 시야의 크기와 비교함으로써 추측할 수 있다.

③ 플라스틱의 밀리미터 눈금자를 슬라이드 글라스 대신 재물대 위에 놓고 초점을 맞춘 다음 시야의 지름을 측정하고, 몇 밀리미터인가, 또 마이크로미터로는 얼마인가를 측정한다.

④ 고배율의 시야의 측정은 저배율 대물렌즈의 배율(단독배율로써 고배율의 대물렌즈의 배율로 나눈 수치)로 저배율의 시야를 나눔으로써 얻어진다(예: 대물렌즈의 단독배율이 저배율은 12배, 고배율은 48배이다. 저배율 시야의 지름이 1,600㎜라고 하면 48 ÷ 12 = 4, 1,600 ÷ 4 = 400(㎜)이다).

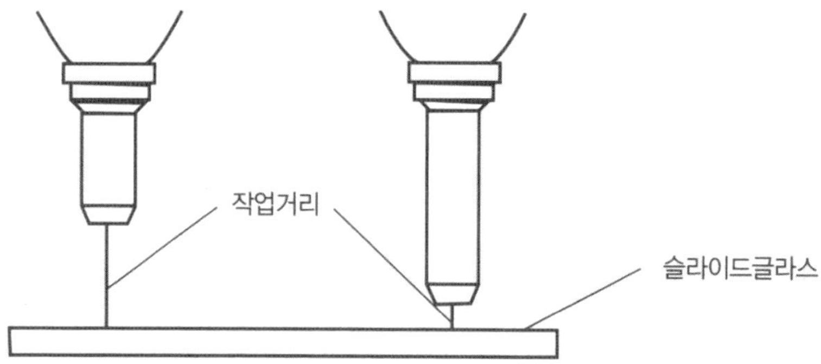

[그림 2.2] 작업거리

⑤ 위의 방법으로 현미경의 고배율 시야의 지름을 측정한다.

⑥ 준비한 프레파라트를 이용하여 글자의 크기를 시야의 크기와 비교하고, 가능한 한 정확하게 글자의 실제 높이를 밀리미터와 마이크로미터로 계산한다.

[7] 마이크로미터의 사용법

① 물건의 길이를 자로 재는 것과 같이 현미경 밑에서 확대된 상태의 물체의 길이를 측정할 경우에는 대안마이크로미터와 대물마이크로미터를 조합해서 측정한다.

② 대안마이크로미터는 보통 5~10배의 배율인 대안렌즈의 내부에 장치할 수 있는 원형의 유리판에 잘게 눈금을 그린 것으로 5㎜를 50등분하여 1개의 분획이 0.1㎜(100㎛, 1㎛)는 1/1,000㎜가 되도록 한 것과 더 잘게 5㎜를 100등분(1분획은 0.05㎜, 50㎛)한 것도 있으며, 또 한 방법으로 새긴 방안마이크로미터도 있다.

③ 대물마이크로미터는 소원형의 유리판에 1㎜를 100등분한 것(1분획은 0.01㎜, 10㎛)을 슬라이드 글라스의 중앙에 붙여 있다.

④ 측정법은 대안마이크로미터를 대안렌즈의 위쪽 렌즈부위를 열고 넣은 후 대안렌즈를 규정대로 고정시킨 다음, 두 마이크로미터의 눈금이 평행하게 겹치도록 한다. 처음 겹친 곳과 나중에 겹치는 곳 사이의 눈금을 세면 대안마이크로미터 눈금의 길이를 알 수 있다. 처음 겹친 곳과 나중에 겹치는 곳 사이의 눈금을 세면 대안마이크로미터의 눈금의 길이를 알 수 있다. 예를 들어 대안마이크로미터의 10눈금에 해당되는 대물마이크로미터의 눈금이 2라면 대물마이크로미터의 1분획이 0.01㎜(10㎛)이므로 대안마이크로미터의 1분획은 다음 식으로 계산될 수 있다.

$$\frac{0.01\text{mm} \times 2}{10} = 0.002\text{mm} = 2(\mu\text{m})$$

이 값(2㎛)이 대안마이크로미터 눈금의 절대길이이다. 대안마이크로미터의 절대길이는 대물렌즈에 따라 달라지기 때문에 그때마다 새로 계산하여야 한다.

다음 대물마이크로미터를 빼고 피검체를 놓고 관찰하려는 물체를 검경하여 그 물체의 길이를 대안마이크로미터의 눈금에 의해 측정한다.

이때 그 물체의 길이가 대안마이크로미터의 15눈금이라면 그 물체의 길이는 2㎛(= 0.002㎜) × 15 = 30㎛(0.03㎜)으로 계산된다.

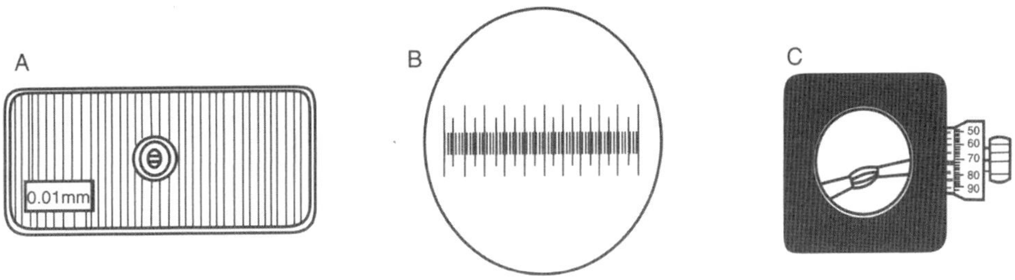

A. 대물마이크로미터 B. 대물마이크로미터의 확대
C. 대안마이크로미터로서 기공의 길이를 측정 : 셀로판 종이에 1㎜의 눈금을 붙여도 좋다.

[그림 2.3] 마이크로미터(micrometer)

[8] 현미경 표본 제작법

생물체의 미세한 구조를 현미경으로 관찰하려고 할 때 세포, 조직의 종류와 목적에 따라 일시 프레파라트(temporary preparation)와 영구 프레파라트(permanent preparation)를 만들어 사용한다.

일시 프레파라트는 쉽게 만들 수 있으나 장기간 보존할 수 없는 결점이 있고, 영구 프레파라트는 제작과정이 길고 복잡하나 오래 보관할 수 있는 장점이 있다.

1) 재료 및 기구

인도고무나무 잎, 딱총나무 속, 무, 면도칼(안전면도칼), 페트리디쉬, 슬라이드 글라스, 커버글라스, 메스, 원통마이크로톰, 현미경을 준비한다.

2) 일시 프레파라트 제작법

살아 있는 상태의 세포나 조직을 관찰하기 위해서는 손 절편(free hand section)이나 원통마이크로톰 절편(cylinder microtome section)에 의한 프레파라트를 만들어 사용한다.

식물의 잎, 줄기, 뿌리 같은 연한 재료를 면도칼(안전면도칼)을 이용하여 수평방향으로 깎아 이때 얇은 조각이 끊어지면 물이 든 페트리디쉬 속에 받아 가장 얇은 절편을 사용한다. 깨끗한 슬라이드 글라스 위에 물 한 방울을 떨어뜨리고 그 속에 위 절편을 넣어 커버글라스를 덮어 관찰한다. 이때 기포가 생기지 않도록 커버글라스를 비스듬히 밀며 덮어야 한다. 손 절편 대신 원통형의 마이크로톰을 사용하여 절편을 만들고 같은 방법으로 조작하여 관찰한다.

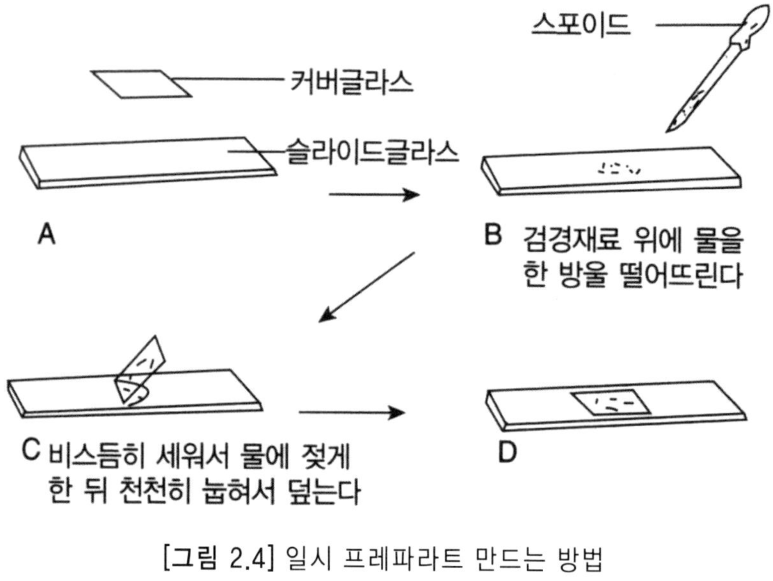

[그림 2.4] 일시 프레파라트 만드는 방법

3) 영구 프레파라트 제작법

영구 프레파라트의 제작에는 여러 가지 방법이 있다. 파라핀법(paraffin method), 셀로이딘법(celloidin method), 카아보왁스법(carbowax method), 젤라틴법(gelatin method), 동결법(frozen method) 등이 있으나, 많이 사용되는 파라핀법을 사용한다.

① 고정(fixation) : 목적과 재료에 따라 일정한 고정액(fixing fluid)을 사용하는데, 재료는 1㎝ 이하로 자르고 고정액은 재료의 20배 이상이 되어야 한다. 고정시간은 재료의 종류와 크기, 고정액에 따라 다르다.

② 세척(washing) : 고정액을 씻어 내기 위한 과정인데 고정액에 따라 수세시간이 다르다.

③ 탈수(dehydration) : 수세 후 재료 속에 든 수분을 제거하기 위하여 저농도의 알코올에서부터 서서히 고농도의 알코올로 옮겨가며 탈수한다.

④ 투명화(c1earing) : 탈수된 재료를 파라핀으로 유도하기 위한 전처리로 자일롤(xylol)을 사용한다.

⑤ 파라핀포매(paraffin embedding) : 파라핀이 조직, 세포에 침투된 다음 포매접시를 이용하여 매몰시키는 과정이다.

⑥ 절편의 절단(cutting) : 마이크로톰(microtome)을 이용한다. 파라핀 속에 든 재료덩이를 마이크로톰의 목편(철편)에 붙여 적당한 두께(5~10㎛)로 절편을 만든다.

⑦ 절편의 첨부(adhesion) : 끊어진 절편을 슬라이드 글라스 위에 첨부하는 과정인데 여러 가지 첨부제(adhesive)가 이용된다. 첨부한 다음에는 파라핀 신전판 위에서 고르게 주름을 펴고 상온에 24시간 동안 보관한다.

⑧ 파라핀의 제거(deparaffin) : 자일롤을 이용하여 재료 속의 파라핀을 제거하는 과정이다.

⑨ 염색(staining) : 관찰하고자 하는 재료의 핵과 세포질을 구분하는 이중염색법(double staining)을 쓴다. 보통 하나는 염기성 색소이고 다른 하나는 산성 색소가 사용된다.

⑩ 탈수(dehydration) : 염색을 한 후 염색과정 중 들어간 수분을 완전히 제거하기 위하여 저농도에서 고농도의 알코올로 올라가면서 급속히 탈수한다.

⑪ 봉입(mounting) : 캐나다 발삼(Canada balsam)을 한 방울 떨어뜨리고 커버글라스를 덮는다. 커버글라스 주위에 묻은 여분의 캐나다 발삼은 탈지면에 자일롤을 묻혀 조심스럽게 닦는다.

주 의 사 항

01) 재물대에 받침유리를 올려 놓기 전에 먼저 육안으로 검사하여, 만일 받침유리가 더러우면 헝겊으로 깨끗이 닦아 준다.
02) 현미경으로 보면서 표본을 찾기 전에 보고자 하는 표본이 받침유리의 어디쯤에 있는지 먼저 확인한다.
03) 고배율로 관찰하게 되더라도 향상 대물렌즈의 최저배율렌즈(scanning objective lens)로 먼저 시작한다.
04) 광원의 밝기를 알맞게 조절한다. 너무 밝은 빛은 재료를 과다하게 밝게 함으로써 눈을 금방 피로하게 한다.
05) 쌍안현미경을 사용할 때는 문제 없으나 단안현미경을 사용할 때는 두 눈을 모두 뜬 상태로 관찰한다. 이렇게 하는 것이 더 편안할 뿐만 아니라 스케치를 하기도 좋다. 보통 왼쪽 눈으로 현미경을 들여다보고 오른쪽 눈으로는 관찰 결과를 그리도록 한다. 두 눈을 뜨고 관찰하는 것이 처음에 익숙하지 않으면 한 눈을 손으로 가리고 관찰한다.
06) 살아 있는 조직을 관찰할 때는 되도록 밝기를 어둡게 한다. 너무 밝으면 오래 비칠 때 받침유리는 매우 뜨거워진다. 다른 표본을 바꾸어 관찰할 때는 일단 광원을 끈 다음에 갈아 끼워야 한다.
07) 안경을 낀 사람은 안경을 벗고 관찰하도록 한다.
08) 유침(oil immersion) 때는 지정된 유침액을 사용하여야 한다. 그러지 않으면 렌즈가 흐려지고 해상력이 떨어지게 된다.
09) 경통을 낮출 때는 대안렌즈를 보면서 낮추어서는 안 된다. 잘못하면 대물렌즈가 슬라이드와 부딪혀 커버나 슬라이드는 깨어지고, 따라서 비싼 렌즈까지 손상을 입게 된다.
10) 현미경을 운반할 때는 반드시 두 손을 쓴다. 한 손으로는 경주를 잡고 다른 한 손으로는 경각을 받쳐 든다.
11) 현미경을 절대로 거꾸로 하지 말아야 한다. 대안렌즈가 떨어진다.
12) 렌즈를 닦을 때는 지정된 세척액과 렌즈페이퍼를 사용하여 닦는다.
13) 받침유리가 깨졌거나 현미경의 기능에 이상이 있으면 반드시 조교에게 알린다.
14) 대안렌즈로 관찰하는 중에는 조동나사로 대물렌즈와 받침유리 간의 거리를 좁히지 않는다.
15) 고배율로 초점을 맞출 때 조동나사는 절대로 사용하지 않는다.
16) 액체가 들어 있는 받침유리는 반드시 커버글라스를 덮어서 관찰한다. 또한 현미경의 재물대를 기울게 하지 않아야 한다.
17) 재물대에 재료 등이 엎질러지면 즉시 닦는다. 현미경을 억지로 조작하지 않는다.
18) 사용 후에는 대물렌즈 회전판을 돌려서 저배율의 대물렌즈가 경통 밑에 오게 한다.

실험보고서

조번호:	이름:
학번:	학과:
실험일자:	제출일자:

1) 현미경의 역할은 무엇인가?

2) 신문지 조각 위의 글자와 현미경 시야에 맺힌 상의 글자의 위치관계를 비교하시오.

3) 고배율로 보았을 때 그 시야의 크기는 저배율의 경우에 비해 어떠한가?

4) 슬라이드를 오른편에서 왼편으로 옮겨주면, 현미경으로 보는 상은 어느 쪽으로 옮겨가는가?

5) 슬라이드를 자기 앞으로 당겼을 때에는 물체의 상이 어떻게 옮겨가는가?

6) 저배율에서 고배율로 대물렌즈를 바꾸면 시야의 위치는 바뀌는가?

7) 고배율에서는 시야의 밝기가 저배율 때보다 어떤가?

8) 마이크로미터를 사용하여 샤프심의 굵기와 머리카락의 굵기를 측정해보자.

고 | 찰 | 및 | 소 | 감

03 식물세포의 유형 및 구조

1 목 적

생물체의 구조와 기능을 아는 것은 생명현상을 이해하기 위한 가장 기본적인 일이다. 식물이나 동물은 모두 특징 있는 구조를 가지며, 제각기 다른 기능을 수행한다. 식물과 동물 및 모든 생물이 하나의 생명체로부터 진화했기 때문에 세포, 조직 및 기관의 구조상 많은 부분에서 공통성을 가지고 있으나, 오랜 진화과정을 통해 제각기 다른 환경에 적응하여 서로에게 적합한 구조를 형성하고 있기 때문에 생물의 종류마다 제각기 다른 구조를 가지고 있다.

본 실험에서는 식물의 잎과 줄기 양파의 표피세포를 통해서 식물세포의 구조와 기능을 이해하고자 한다.

2 이 론

[1] 식물세포

세포는 구형인 핵이 중앙에 위치하고 있으며, 그 주위를 세포질이 둘러싸고 있다. 세포질은 세포막(cell membrane)에 둘러싸여 있다. 식물세포의 경우 세포벽(cell wall)이 있다. 세포벽은 비교적 두껍고 단단하며, 탄수화물인 셀룰로오스(cellulose), 헤미셀룰로오스(hemicellulose)와 펙틴(pectin)과 같은 다당류가 주성분으로 구성되어 있다. 목

본식물의 경우, 세포벽은 대단히 두껍고 단단하여 소위 목질을 이루고 있으며, 이런 세포벽의 내부에는 원형질을 둘러싸고 있는 매우 엷은 원형질막(plasma membrane)이 있다.

세포의 중요한 구성성분은 미토콘드리아(mitochondria), 소포체(endoplasmic reticulum), 리보솜(ribosome), 골지체(golgi complex), 퍼옥시솜(peroxisome), 리소솜(lysosome), 중심체(centriole), 색소체(plastids), 액포(vacuole) 등이 있다.

색소체는 엽록소(chlorophyll)의 유무에 따라 엽록체(chloroplast)와 백색체(leucoplast)로 나누고, 카로티노이드(carotenoid)를 많이 함유하고 있는 것을 유색체(chromoplast)라 한다.

세포내 함유물(intracellular inclusion)을 세포의 후형질이라 하며, 여기에는 세포벽, 녹말립(starch grain), 호분립(aleuron grain), 탄닌(tannin), 이눌린(inulin), 정유(essential oil), 무기물 결정 등이 있다([그림 3.1]).

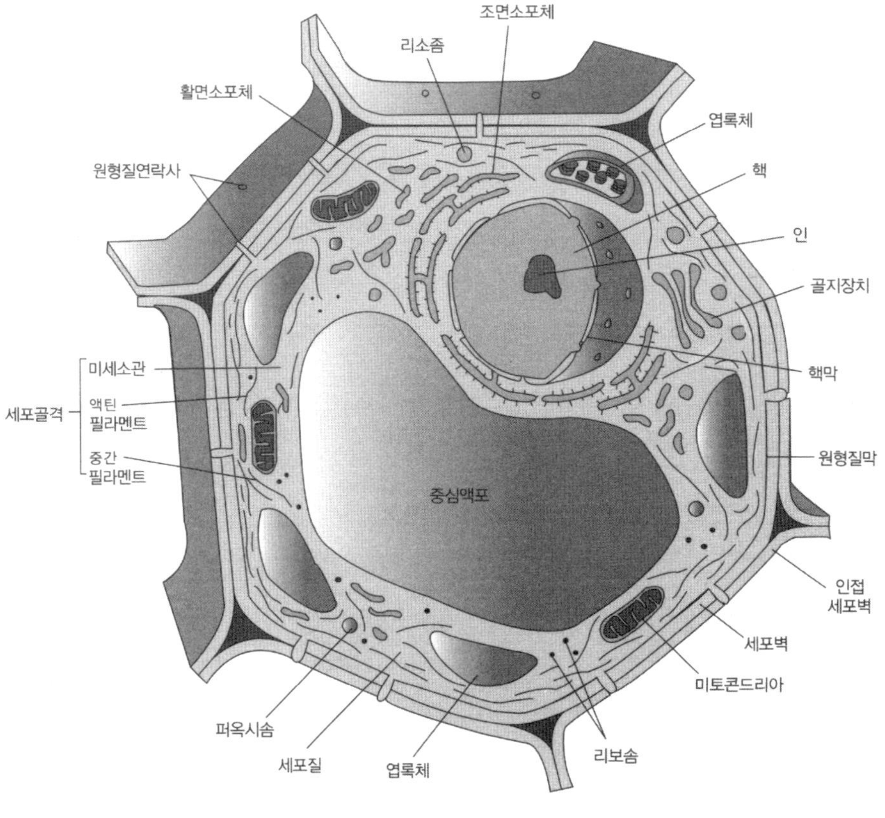

[그림 3.1] 식물세포의 구조

[2] 식물의 영양기관

종자식물은 6부분의 기관으로 구성되어 영양기관에 속하는 뿌리, 줄기 및 잎이 있으며, 생식기관에 속하는 꽃, 열매 및 종자로 구분한다. 각각의 영양기관에 대한 구조 및 조직을 알아보면 다음과 같다([그림 3.2]).

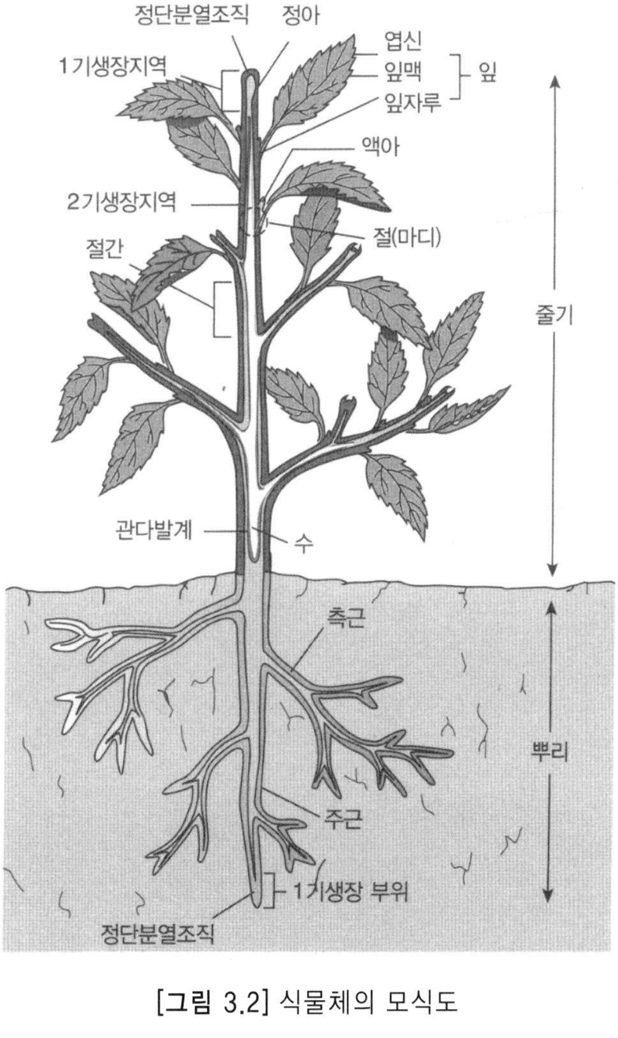

[그림 3.2] 식물체의 모식도

1) 뿌 리

식물에 있어서 뿌리의 역할은 줄기를 지지하고, 땅 속에서 물과 영양분을 흡수한다. 또한 뿌리는 대사산물을 저장하는 저장기관으로 이용되기도 한다.

뿌리는 근단에 근관(root cap)이라는 유조직(parenchyma)이 있으며, 이 근관은 정단분열조직(apical meristem)을 보호하고 있다. 뿌리의 세포분열은 정단분열조직의 분화에 의해서 이루어지며, 이것에 의해 뿌리의 신장이 이루어진다.

뿌리의 종단면을 통해 관찰할 수 있는 것들은 근모, 중심주, 피층, 표피, 정단분열조직, 근관 등이 있다([그림 3.3]).

뿌리의 횡단면을 통해 내부구조를 관찰하면, 가장 바깥쪽에 있는 한 층의 표피 안에 여러 층으로 이루어진 세포 간격이 발달한 피층이 있고, 그 안쪽에 세포 간격이 없이 한 줄의 세포로 된 내피(endodermis)가 있다. 어떤 식물에서는 피층의 가장 바깥쪽에 외피(dxodermis)가 있는 경우도 있다. 내피는 세포와 세포 사이가 두껍게 형성되어 있다. 이것을 카스파리점(casparian spot)이라고 한다. 또한 이 카스파리점은 종단해서 보면 대상으로 보이기 때문에 카스파리대(casparian stripe)라고 한다. 이 카스파리대는 일종의 유지질로 내피의 세포간격을 막고 있기 때문에 수분은 내피의 세포질을 통해서만 통과할 수 있다.

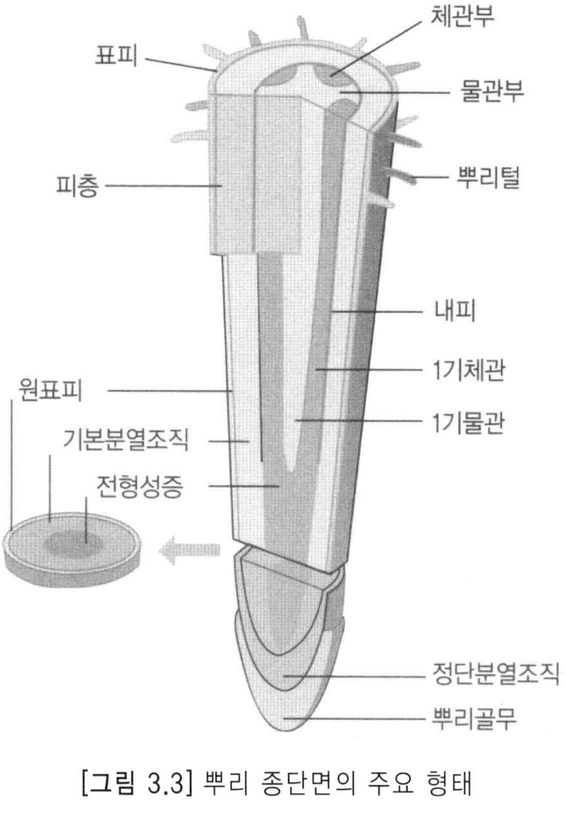

[그림 3.3] 뿌리 종단면의 주요 형태

내피에 둘러싸여 있는 조직을 모두 중심주라고 하며 이 중심주의 가장 바깥층, 즉 내피의 바로 안쪽에는 대개 한 층 또는 여러 층의 유세포로 된 내초(pericycle)가 있는데, 이것은 후에 측근(lateral root) 발생의 모체가 된다. 중심부에는 세포막이 두껍고 크기가 큰 세포들이 방사상으로 배열되어 있는 목부가 있으며, 이 목부의 수는 2~7개이다. 목부는 바깥쪽에서 안쪽으로 구심적인 분화가 일어나며, 각 목부와 목부 사이에는 사부가 있다. 중심주의 중축에 수(pith)가 있는 경우도 있다([그림 3.4]).

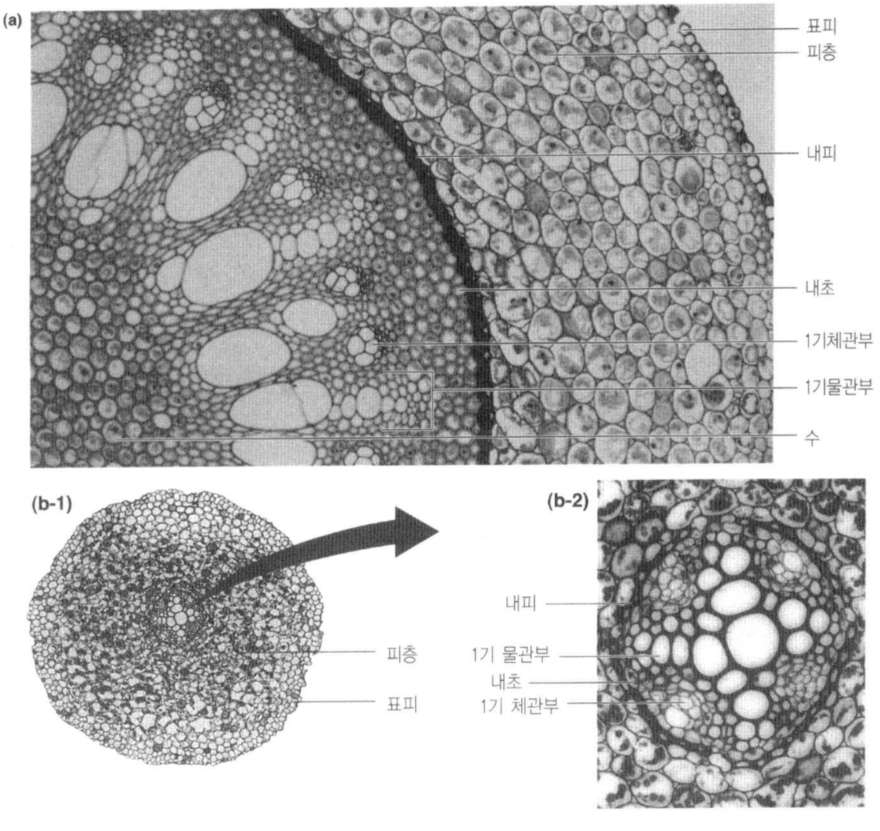

[그림 3.4] 단자엽식물(a)과 쌍자엽식물(b)의 뿌리의 내부 구조(횡단면)

2) 줄 기

줄기의 역할은 잎을 부착시켜 잎으로 하여금 햇빛을 잘 받아들일 수 있도록 해주며, 뿌리에서 빨아들인 물과 영양을 잎으로, 잎에서 만들어진 동화산물을 뿌리로 전달하거나 이를 저장하는 역할을 한다. 줄기의 분열은 정단분열조직의 세포분열에 의해 형성된다.

줄기 정단의 종단면에서 관찰되는 조직들은 엽원기, 정단분열조직, 기본분열조직, 측아분열조직 등이 있다([그림 3.5]).

줄기의 외부 형태를 관찰하면 정아, 아린, 측아, 절간, 절, 엽흔, 관속흔, 피목, 정아흔 등을 관찰할 수 있다([그림 3.6]).

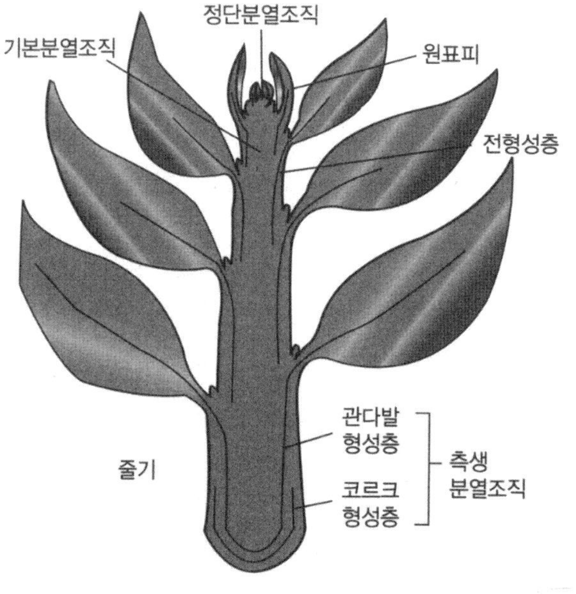

[그림 3.5] 줄기 정단의 종단면

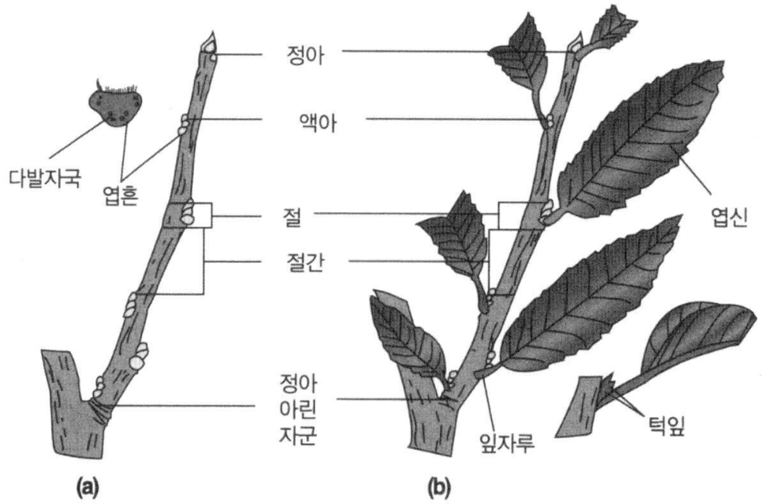

[그림 3.6] 줄기의 외부 형태

줄기의 내부형태는 식물의 종류에 따라 독특하여 분류학적으로나 계통학적으로 중요한 요인으로 다루어지고 있으며, 기본적인 단자엽식물과 쌍자엽식물의 내부형태는 [그림 3.7]과 같다.

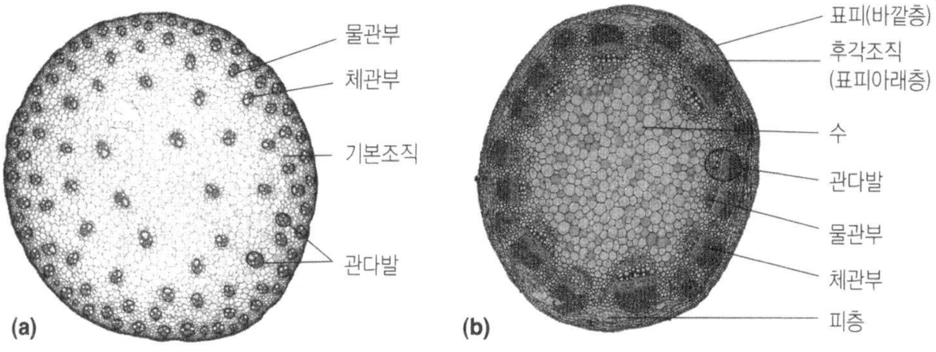

[그림 3.7] 단자엽식물(a)과 쌍자엽식물(b)의 줄기의 내부 구조

3) 잎

식물에 있어서 잎은 광합성과 증산작용을 하는 중요한 영양기관이다. 잎은 크게 엽신(leaf blade)과 엽병(petiole)으로 나눈다. 엽병의 기부에 조그만 잎이 달려 있는데 이를 탁엽(stipule)이라 한다. 잎의 분화는 줄기의 끝에 있는 분열조직에서 나온 엽원기에서 분화된다.

잎의 횡단면을 관찰하면([그림 3.8]) 상하 표면에 여러 층의 표피가 있는데, 특히 상표피의 표면에는 각피(cuticle)가 덮여 있어 잎으로부터의 수분 증발을 막아주는 역할을 한다. 그리고 상하 표피 사이에는 엽록체(chloroplast)를 함유한 유세포들이 있는데 이를 엽육(mesophyll)이라 한다.

엽육의 윗부분은 긴 세포들이 빽빽이 모여서 울타리 모양을 이루고 있어 책상조직(palisade parenchyma)이라 하고, 밑부분에는 다소 부정형의 유세포들이 드문드문 배열되어 있어 해면조직(spongy parenchyma)이라 한다.

하표피의 곳곳에는 기공(stoma)이라는 세포 간격이 있는데, 이는 두 개의 공변세포(guard cell)에 의해 개폐되며, 이를 통하여 수분의 증발이 일어나고, 광합성에 필요한 탄산가스가 들어오며, 광합성에서 생긴 산소가 방출된다. 공변세포는 다른 표피세포와는 달리 엽록체가 들어 있고, 세포 간격 쪽의 세포벽만 유난히 두껍다. 광합성이 일어나면 공변세포의 삼투압이 높아지고, 따라서 수분을 흡수하여 팽팽하게 되면 닫혀져 있던 기공이 열리게 된다.

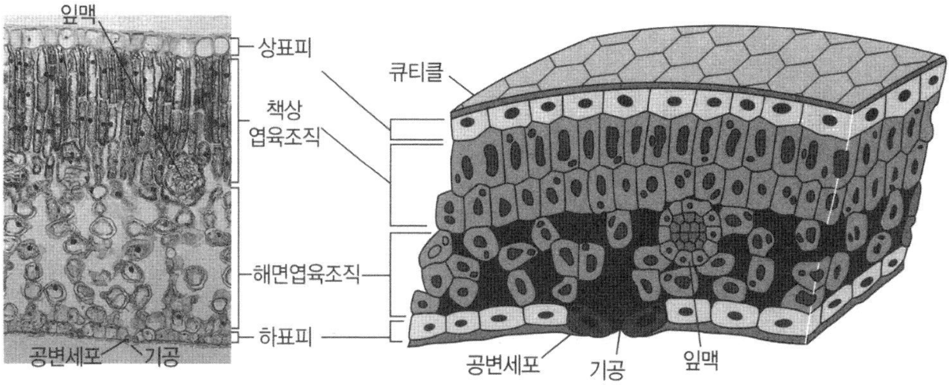

[그림 3.8] 잎의 횡단면

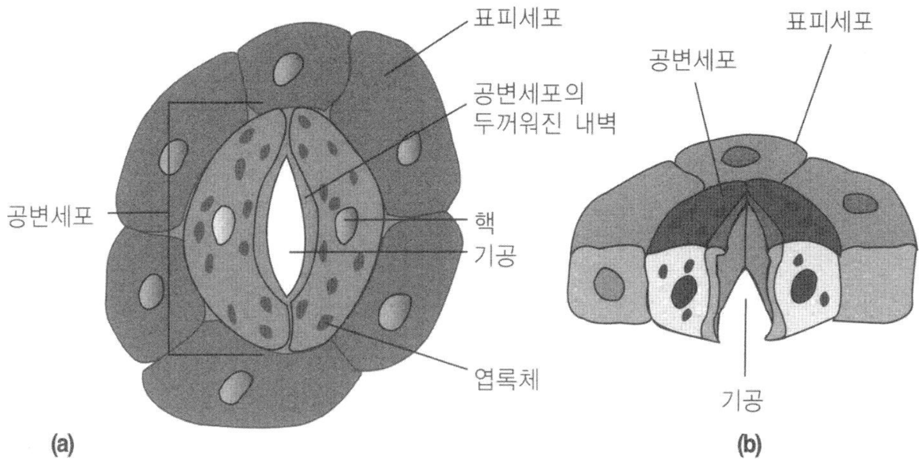

[그림 3.9] 기 공

〈가〉 식물의 조직

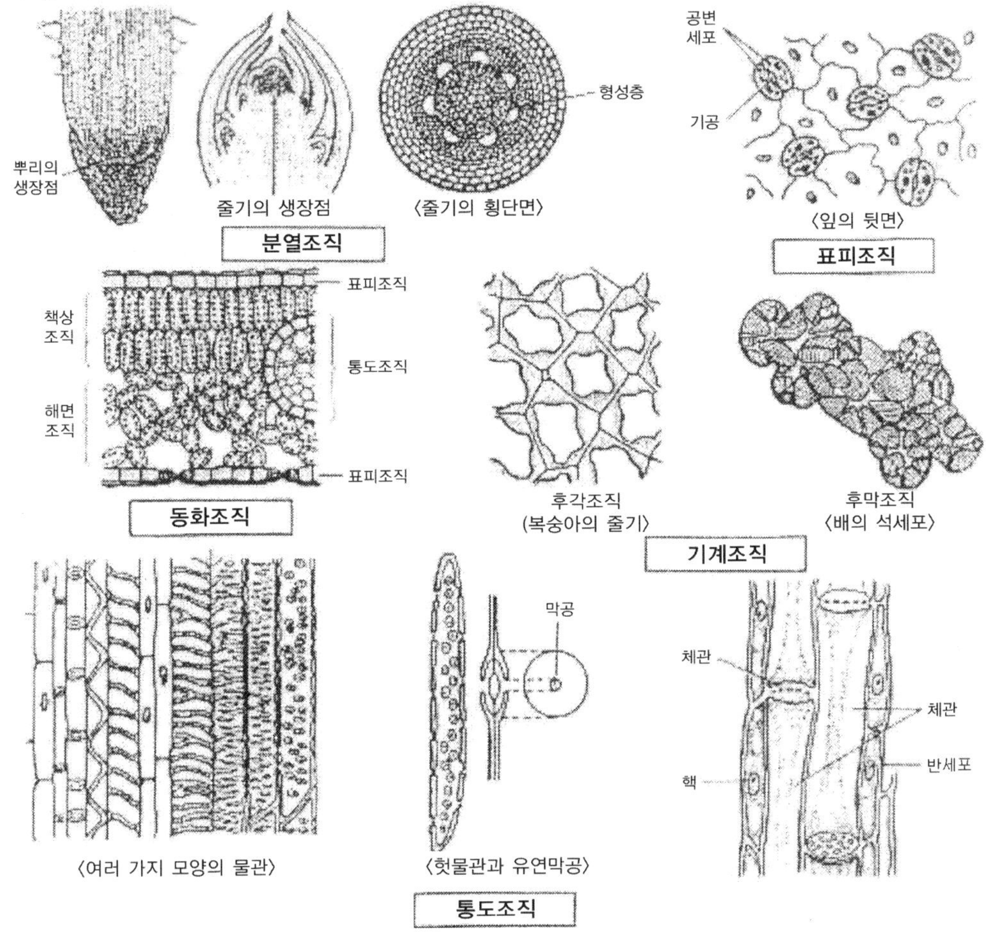

〈나〉 식물의 조직계

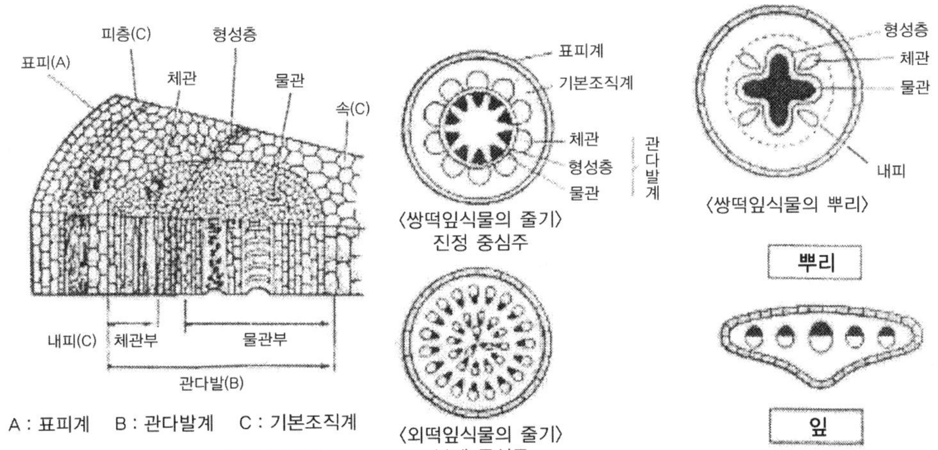

[그림 3.10] 식물의 조직과 조직계의 유형

3 시약 및 재료

- 양파
- 콩나물
- 샐러리
- 백합의 잎
- 배
- 아세트산카민(acetocarmine)

4 실험기구

- 광학현미경
- 커버글라스
- 여과지
- 슬라이드 글라스
- 면도날
- 핀셋

5 실험방법

[1] 양파 표피세포 관찰

① 양파 구경의 인편 한 조각을 분리하여 표피가 붙어 있는 채 2등분한다.
② 표피를 핀셋으로 조심스럽게 벗긴다.
③ 벗겨진 표피를 면도날로 1㎠ 정도 자른다.
④ 슬라이드 글라스에 벗겨진 표피를 놓고 스포이드로 물을 1~2방울 떨어뜨린 다음 커버글라스로 덮는다.
⑤ 현미경을 사용하여 저배율에서 고배율로 관찰한다.
⑥ 커버글라스 가장자리에 acetocarmine 한 방울을 떨어뜨린 다음 여과지를 이용하여 acetocarmine이 커버글라스 안쪽으로 스며들 수 있도록 한다.
⑦ 현미경을 사용하여 저배율에서 고배율로 관찰한다.
⑧ 스케치한다.

[2] 백합 잎의 공변세포 관찰

① 백합 잎의 뒷면 표피를 살포시 떼어낸 다음 슬라이드 글라스 위에 올려 물을 한 방울 떨어뜨린 뒤 커버글라스를 덮는다.

② 거름종이로 물을 약간 제거한 후 현미경 위에 놓고 잎의 뒷면을 차례로 초점을 맞춰 관찰한다(낮은 배율부터 관찰).

[3] 샐러리의 후각세포 관찰

① 샐러리 줄기부분을 얇게 잘라낸 다음, 슬라이드 글라스 위에 올려 물을 한 방울 떨어뜨린 뒤 커버글라스를 덮는다.
② 거름종이로 물을 약간 제거한 후 현미경 위에 놓고 톱니처럼 우둘투둘하게 튀어나온 표피 쪽에 초점을 맞추어 후각세포와 유세포를 관찰하여 비교해 본다.

[4] 콩나물의 도관세포 관찰

① 콩나물의 하배축 부분을 1㎝ 정도 자른 뒤(원기둥 형태) 가운데 물관이 지나가는 부분을 다시 얇게 잘라 슬라이드 글라스 위에 올리고 커버글라스를 바로 덮는다.
② 엄지손가락으로 커버글라스가 깨지지 않을 정도의 힘을 가해 압착한다(조직이 으깨어지면서 세포들이 얇은층으로 펼쳐짐).
③ 현미경 위에 놓고 여러 가지 모양의 물관들을 관찰한다.

[5] 배의 석세포 관찰

① 배의 과육을 조금 떼어낸 다음, 슬라이드 글라스 위에 올린 뒤 커버글라스를 덮는다.
② 엄지손가락 또는 연필 뒤 고무로 과육세포가 잘 펴질 수 있도록 두드린다(커버글라스가 깨지지 않도록 주의한다).
③ 현미경 위에 놓고 배의 석세포를 관찰한다.

01) 식물체를 자를 때는 되도록 얇게 잘라야 한다.
02) 커버글라스를 덮을 때 기포가 생기지 않도록 한다.
03) 아세트산카민용액을 떨어뜨린 반대편에서 여과지를 이용하여 물을 빨아들임으로써 아세트산카민용액이 안쪽으로 이동하도록 한다.

실험보고서

조번호:	이름:
학번:	학과:
실험일자:	제출일자:

1) 양파의 표피세포를 관찰하고 스케치하여 명칭을 기입하시오.

2) 백합의 잎 뒷면에서 공변세포를 관찰하여 스케치한 후 엽록체와 기공을 관찰하시오.

3) 공변세포는 어떤 역할을 하며, 기공과는 어떤 관계가 있는가?

4) 기공이 존재하지 않거나, 기공이 항상 열려 있다면 어떤 현상이 일어나겠는가?

5) 샐러리에서 후각세포의 1차 세포벽이 비후화되어 있는 이유는 무엇인가?

6) 콩나물 하배축에서 물관세포의 여러 모양을 관찰하고 스케치하시오.

7) 배를 갈아서 석세포를 관찰하고 스케치를 하시오.

8) 식물의 조직에 대해 알아보자.

고 | 찰 | 및 | 소 | 감

04 동물세포의 관찰

1 목 적

동물세포를 관찰한 후, 앞 실험에서 배운 식물세포와 어떻게 다른지 비교해 본다.

표준혈청을 사용하여 실험자 본인의 혈액형을 확인하고, 직접 혈구를 관찰한 뒤 그 형태를 알아보면서 혈액에 관한 전반적인 것을 이해한다.

2 이 론

[1] 진핵세포의 구조

① 원형질막(plasma membrane) : 세포내·외로 물질의 출입을 조절한다. 단백질이 있는 인지질 이중층으로 반투과성 막을 말한다.

② 핵(nuc1eus) : 핵막(이중막)으로 싸여진 염색체를 포함하고 있는 세포의 조절 중추이며, 핵 안에는 염색사와 인, 핵질이 존재한다.

③ 세포질(cytoplasm) : 세포 내에서 핵과 세포소기관을 제외한 세포 부위이다.

④ 세포소기관 : 막으로 구획화되어 있다.

㉠ 소포체(endomembrane reticulum) : 단백질 수송에 관여하며, 활면소포제(SER)와 조면소포체(RER)로 나눈다.

㉡ 리보솜(ribosome) : 단백질 합성기관이다.

㉢ 골지체(Golgi complex) : 세포로부터 외부로 수송하는 단백질을 농축하고 포장되어 있다.

㉣ 미토콘드리아(mitochondria) : 세포호흡에 관여하며 에너지를 생산하고, 이중막을 가지며 DNA를 가지고 있다.

㉤ 미소체(microbody) : 단위막, 과산화수소의 생성과 파괴에 관여하며, 퍼옥시솜(peroxysome)과 글리옥시솜(glyoxisome)으로 나눈다.

㉥ 섬모(cilium)와 편모(flagellum) : 운동에 관여한다.

㉦ 세포골격(cytoskeleton) : 미세섬유(microfilament), 미세소관(microtubule), 중간섬유(intermediate filament)로 구성된다.

[2] 동물세포의 특수구조

① 중심체(centrosome) : 세포분열에 관여하지만 기능이 확실히 밝혀지지 않았으며, 중심립 두 개가 모여 이루어진 구조물이다.

② 리소솜(lysosome) : 단위막으로 둘러싸여 있으며 가수분해 효소를 가지고 있다.

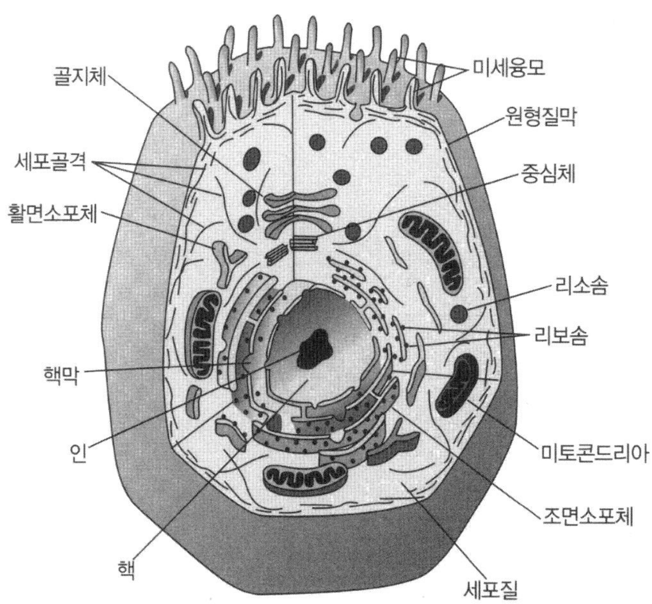

[그림 4.1] 동물세포 모식도

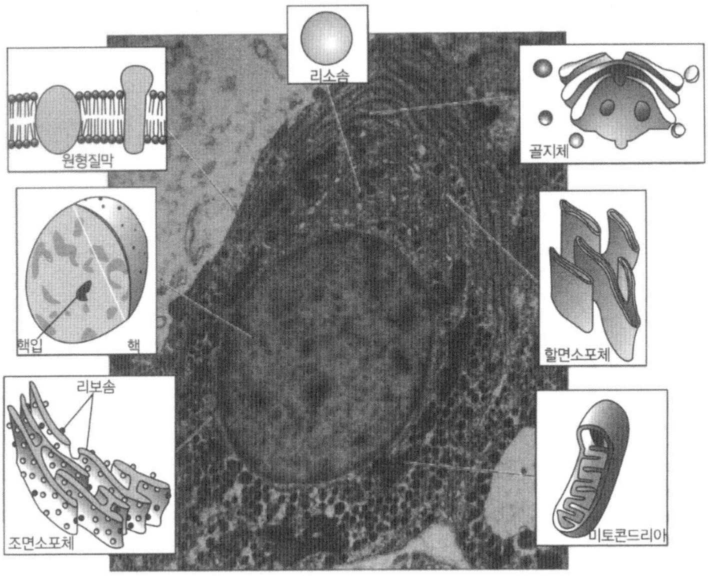

[그림 4.2] 동물세포 전자현미경 사진

[3] 혈액형 검사

일반적으로 동물에 있어서 생물학적인 현상으로서 한 동물의 혈청이 다른 동물의 적혈구를 응집하는 작용이 있다. 이것을 적혈구 응집반응이라 하고, 사람 상호간에 있어서도 이 반응이 있으며, 이 반응의 여하에 따라 혈액을 O, A, B, AB의 4가지 형으로 분류한다. 응집반응은 적혈구 내의 응집원과 혈청 내의 응집소의 반응으로 이루어지며, 응집원은 A와 B 두 종류가 있고, 응집소에는 anti A(α)와 anti B(β)의 두 종류가 있으며, 이들의 유무에 따라 혈액형이 분류된다. A와 anti A, B와 anti B가 만나면 응집이 일어난다.

[4] 혈구 관찰

표 4-1. 혈액형 및 응집원과 응집소

혈액형	혈구응집원	혈장응집소
A	A	β(anti B)
B	B	α(anti A)
AB	A, B	×
O	×	α, β

혈액은 세포성분인 혈구(blood cell)와 액체성분인 혈장(plasma)으로 이루어져 있다. 사람의 혈액량은 체중의 약 8%를 차지하며 물보다 점성이 크고(5~6배), pH는 약 7.4 이다. 혈구는 적혈구, 백혈구 및 혈소판으로 구분되며, 백혈구에는 과립백혈구인 호중성구(neutrophil), 호염기성구(basophil), 호산성구(eosinophil)와 무과립백혈구인 림프구(lymphocyte)와 단핵구(monocyte)가 있다.

3 시약 및 재료

- 표준혈청 anti A
- 표준혈청 anti B
- 70% 알코올
- 표준혈청 anti D
- 김자(Giemsa)염색약
- methylen blue
- 여과지

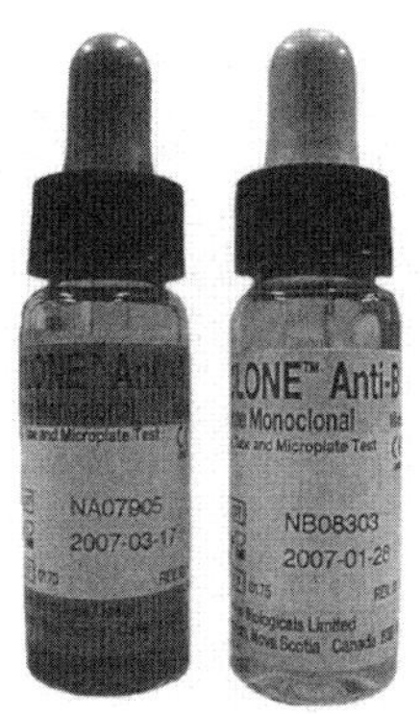

[그림 4.5] 혈액형 검출 시약(Anti-A, Anti-B)

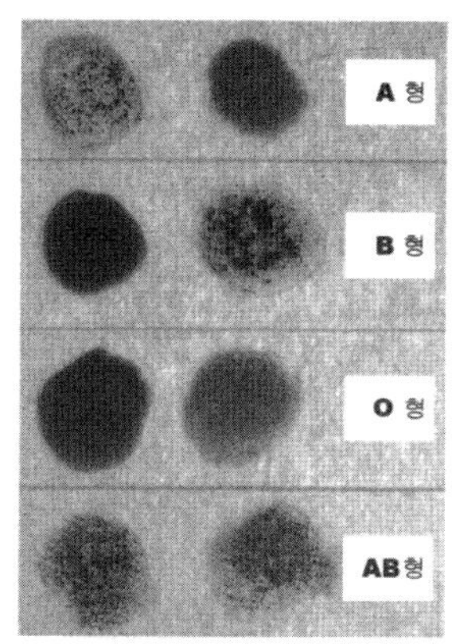

[그림 4.6] ABO식 혈액형

표 4-2. 적혈구, 백혈구, 혈소판의 특징

	지름(㎛)	수(㎣당)	형태	핵	생성	파괴	수명	작용
적혈구	7~8	♂500만 ♀450만	원반형	무	골수	간 지라	3~4개월	O_2 운반
백혈구	10~15	6천~1만	부정형	유	골수 지라	골수 지라	2~10일	식균작용
혈소판	3 이하	20~30만	부정형	무	골수	지라	2~5일	혈액응고

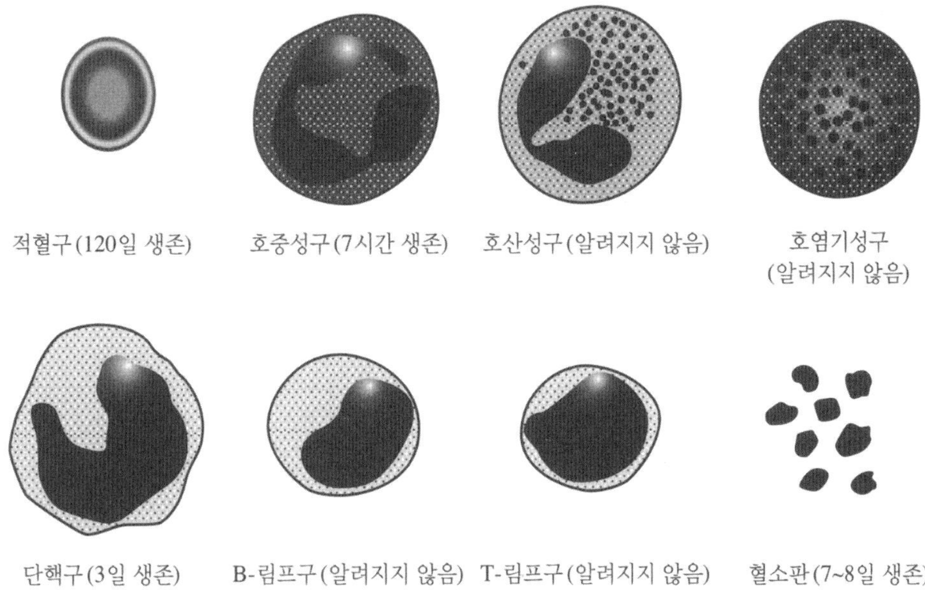

[그림 4.7] 혈구의 종류

4 실험기구

- 슬라이드 글라스
- 광학현미경
- 시침핀
- 알코올 솜
- 커버글라스
- 란셋(lancet)
- 스포이드
- 증류수

5 실험방법

[1] 혈액형 검사

① 슬라이드 글라스 위에 표준혈청 각각 한 방울씩 떨어뜨린다.

② 손가락 끝을 70% 알코올로 소독한 후, 란셋으로 찔러 표준혈청에 피를 떨어뜨린다.

③ 시침핀으로 저어 준 후, 약 20분 후에 응집 여부를 관찰한다.

주 의 사 항

01) 혈청을 취할 때 또는 혈액을 혼합할 때에 나무막대를 혼용함으로써 anti A, anti B, 표준혈청이 서로 섞이지 않도록 한다.
02) 응집반응은 적혈구가 서로 응집하여 혈구덩어리가 생긴 것으로서 육안적으로도 쉽게 식별할 수 있다. 그러나 반응이 약한 경우에는 "루페"나 낮은 배율의 현미경을 사용할 필요가 있는데, 이 조작은 온도가 너무 낮으면 반응이 불명료하고 온도가 너무 높으면 위반응(pseudoagglutination)이 나타나므로 실온(15℃~18℃)에서 시행하여야 한다.

[2] 혈구관찰

① 손가락 끝을 70% 알코올로 소독한 후, 란셋으로 찔러 슬라이드 글라스 위에 떨어뜨린 후, 커버글라스를 덮어 혈액을 밀면서 도말하여 말린다.
② 완전히 마른 후 김자염색약 한 방울로 3분 정도 염색한 다음 슬라이드 글라스의 뒷면을 20초 정도 조심스럽게 씻어낸다.
③ 슬라이드 글라스의 물기를 흡지로 제거하고, 현미경 아래에서 관찰한다.
④ 적혈구와 몇 종류의 백혈구를 관찰한다.

[3] 동물세포의 관찰

① 이쑤시개의 끝부분으로 입 속의 뺨 표면을 가볍게 긁는다. 너무 세게 긁어 상처가 나지 않게 조심한다. 피가 나게 되면 혈구세포로 인해 표피세포를 관찰하기 어렵기 때문이다.
② 묻어나온 것을 깨끗한 슬라이드 글라스 위에 가볍게 문질러 넓게 편다.
③ 재료 위에 1~2방울의 70% 알코올을 떨어뜨려 1~2분 동안 고정시킨다.
④ 알코올이 다 마르면 1~2방울의 methylene blue를 재료 위에 떨어뜨리고 2분간 둔다.
⑤ 커버글라스로 덮은 후(기포가 생기지 않도록 커버글라스를 비스듬히 밀며 덮어야 함) 남은 염색액을 여과지로 제거한다.
⑥ 현미경으로 저배율에서 고배율로 관찰한 후, 스케치를 한다.

실험보고서

조번호:	이름:
학번:	학과:
실험일자:	제출일자:

1) 동물세포(구강상피세포)를 관찰한 후, 배율표기하면서 스케치를 해보자.

2) 식물세포를 관찰할 때에는 아세트산카민을 쓰고, 동물세포를 관찰할 때에는 메틸렌블루를 사용하는 이유는 무엇인가?

3) 자신의 혈액과 어떤 표준혈청이 응집하였으며, 응집상태는 어떠하였는가?

4) 적혈구와 백혈구의 형태를 관찰하여 그림을 그리고, 그 수를 비교하시오.

문 | 제 | 및 | 토 | 의

1) 자신의 혈액형은 무엇이고, 그 근거는 무엇인가?

2) 혈액을 공혈받거나 수혈할 때, 자신에게 가능한 혈액형은 무엇이고, 그 이유는 무엇인가?

3) 만약 다른 혈액형을 공혈받거나 수혈한다면 그 결과는 어떻게 될까?

고 | 찰 | 및 | 소 | 감

05 정자세포 관찰

1 목 적

포유동물의 수컷 생식세포를 관찰하고 그 형태와 기능, 형성과정을 이해한다.

2 이 론

세포분열은 세포에서 세포로 유전적 연속성을 유지해 주기 때문에, 모든 생명현상 중에서 중요한 현상이다. 식물과 동물은 세포의 구조에서 다소 차이가 있기 때문에, 세포분열의 과정도 약간의 차이를 보이고 있다. 그러나 근본적인 과정은 비슷하다. 세포분열을 크게 핵분열(karyokinesis)과 세포질분열(cytokinesis)로 나누며, 핵분열의 양상에 따라 무사분열(amitosis)과 유사분열(mitosis)로 나눈다. 또, 유사분열에는 유전물질을 간직하고 있는 염색체(chromosome)의 행동에 따라 체세포분열(somatic cell division)과 감수분열(meiosis)로 나눈다.

[1] 남성 생식기관의 구조

인간을 포함한 대부분의 포유동물 종에서 남성의 외부 생식기관은 음낭(scotum)과 음경(penis)으로 구성된다. 내부 생식기관은 정자와 호르몬을 만드는 생식소와 정자의 이동에 필수적인 분비물질을 만드는 부속선, 그리고 정자와 성적인 분비물을 운반하는 관으로 구성되어 있다.

1) 정 소

남성 생식소인 정소(testes, 단수형 testis)는 몇 가지 결합조직층으로 둘러싸인 수없이 꼬여 있는 많은 관으로 이루어진다. 이러한 관들을 세정관(seminferous tubule)이라 하는데, 이곳에서 정자가 만들어진다. 세정관 사이에 흩어져 있는 레이디히세포(Leydig cell)는 테스토스테론(testosteron) 및 남성호르몬(androgen)을 만든다. 대부분의 포유동물에서 정소가 정상 체온보다 낮아야 정자 형성이 잘 일어난다. 복강 바깥에 체벽의 얇은 주름인 음낭(scrotum)의 온도는 복강보다 약 2℃ 낮다. 정소는 복강의 상부에서 발생하여 태어나기 직전 음낭으로 내려온다. 음낭 안에 존재하는 정소는 고환이라 한다. 여러 설치류에서, 정소는 정자의 성숙을 막기 위해 번식기와 번식기 사이의 기간에는 복강으로 되돌아 올라간다. 단공류, 고래, 코끼리 등 정자가 성숙할 수 있을 정도로 체온이 낮은 일부 포유동물들에서는 정소가 항상 복강 안에 존재한다.

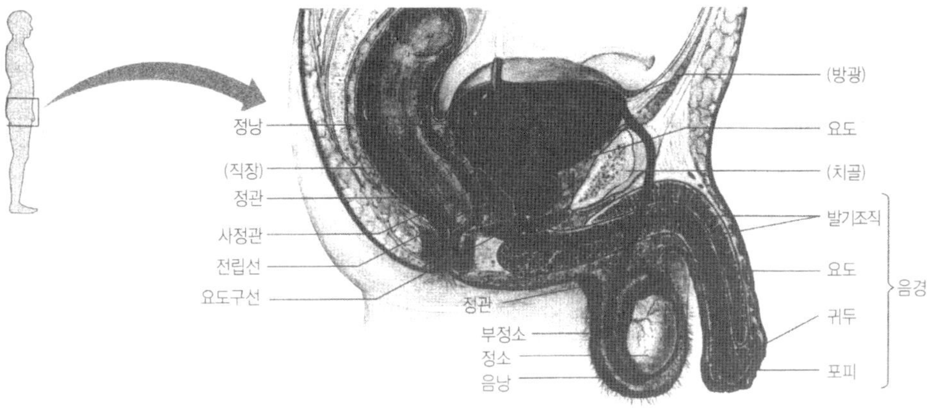

[그림 5.4] 사람의 생식기 구조(생식기관이 아닌 구조는 괄호 안에 표시하였음)

2) 도관들

정자는 정소의 세정관으로부터 나와 부정소(epididymis)의 꼬여 있는 관을 통과한다. 사람 남성의 정자가 각 부정소의 6m 길이에 달하는 관을 통과하는 데에는 약 3주가 걸린다. 이렇게 통과하는 동안, 정자는 이동성과 난자를 수정시킬 수 있는 능력을 갖게 되지만, 난자와의 수정 능력은 여성 생식계의 화학적 환경에 노출된 경우에만 가능하다. 정자는 사정(ejaculation)하는 동안 근육질의 정관(vas deferens)을 통해 부정소에서 빠져나온다. 이러한 두 관(각 부정소 당 하나)은 방광을 한 바퀴 돌아 뒤쪽으로 지나가는데, 이곳에서 정낭에서 나온 관과 합류하여 짧은 사정관(ejaculatory duct)을 형성한다. 사정관은 비뇨계와 생식계 공통의 배출관인 요도(urethera)로 열려 있다. 요도는 음경을 통과하여 음경의 끝부분에서 밖으로 열린다.

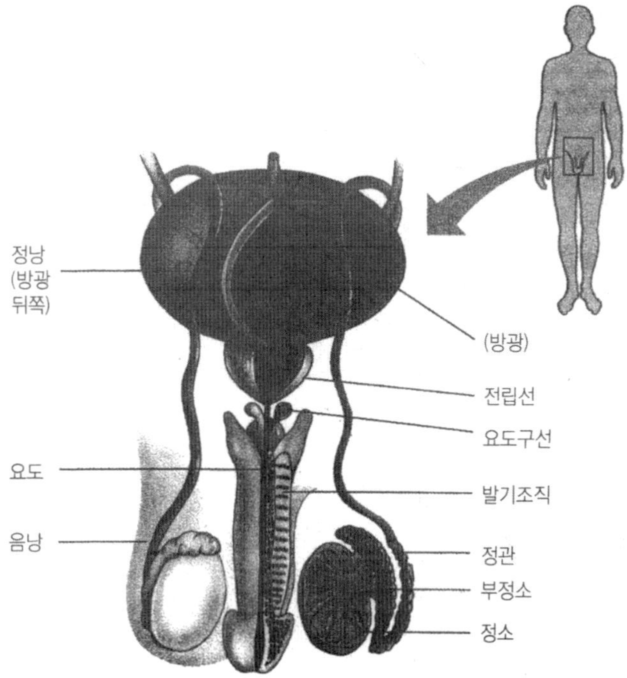

[그림 5.5] 사람 남성 생식기 구조(세부 도관들의 분포)

3) 분비선

세 종류의 부속선, 즉 정낭(seminal vesicle), 전립선(prostate gland) 및 요도구선(bulbourethral gland)의 분비액이 사정되는 액체인 정액(semen)을 구성한다. 한 쌍의 정낭은 정액의 약 60% 정도를 만들어 낸다. 정낭에서 나오는 액체는 걸쭉하고 노란색을 띠며 알칼리성이다. 이것은 점액, 과당(정자가 이용하는 에너지의 대부분을 공급함), 응고효소(coagulating enzyme), 아스코르브산(ascorbic acid) 및 국소조절인자인 프로스타글란딘(prostaglandin)을 함유하고 있다.

전립선은 몇 개의 작은 관을 통해 요도로 직접 생산물을 분비한다. 액체는 묽고 유백색이고, 항응고효소(anticoagulant enzyme)와 시트르산(citrate, 정자의 영양물질)을 함유하고 있다. 전립선의 양성(비종양성) 비대현상은 이 연령대의 남성 중 반 이상과 70세 이상인 남성에서 일어나기도 한다. 또한 전립선암은 65세 이상의 남성에서 흔히 발생하기 쉬운 암 중 하나이다.

요도구선은 전립선 아래 요도 양쪽에 위치한 한 쌍의 작은 분비선이다. 이곳에서는 사정 전에 요도에 남아 있는 오줌의 산성을 중화시키는 맑은 점액을 분비한다. 요도구선 액은 사정 이전 방출된 약간의 정자를 운반하고 있기 때문에, 임신 조절을 위한 체외사정 실패의 원인이 된다.

4) 음 경

사람의 음경(penis)은 세 개의 해면성 발기조직 기둥과 요도관으로 구성되어 있다. 성적 흥분이 일어나면 변형된 정맥과 모세혈관으로부터 유래된 발기조직은 동맥으로부터 온 혈액으로 가득 찬다. 이 조직이 동맥혈로 채워짐에 따라 증가된 압력에 의해 음경에서 나가는 정맥이 닫히고, 음경은 혈액으로 가득차게 된다. 이러한 발기에 의해 음경은 질로 삽입되기 쉽다. 음주, 특정 약물, 감정적 문제 및 노쇠는 모두 일시적인 발기부전이 유발된다. 장기적인 발기부전을 나타내는 사람은 비아그라(Viagra) 등의 약물로 국소조절인자인 일산화질소(nitric oxide, NO)의 작용을 촉진시킴으로써, 음경 혈관의 평활근(smooth muscle)을 이완시켜 발기조직으로 혈액의 흐름을 촉진시킬 수 있다. 설치류, 너구리, 해마, 고래 등 몇 종의 다른 포유동물들은 음경골(baculum)이라는 뼈를 가지고 있어 음경을 단단하게 한다.

음경의 중심 기둥은 상대적으로 두꺼운 피부에 덮여 있다. 음경의 머리 부분, 즉 귀두(glans)는 훨씬 얇은 피부로 덮여 있으며, 그로 인해 자극에 훨씬 더 예민하다. 인간의 귀두는 포피(foreskin) 또는 음경꺼풀(prepuce)이라는 주름진 피부로 덮여 있는데, 이것은 포경수술(circumcision)을 통해 제거할 수도 있다.

[3] 정자 형성과정

다음 [그림 5.6]은 세정관의 미세구조와 정자 발생에서 유사분열과 감수분열을 연결해 보여주고 있다. 배아 정소의 원시(primordial) 생식세포는 분열하여 줄기세포를 만드는데, 이 줄기세포는 유사분열을 통하여 정원세포(spermatogonia)가 되며, 이는 역시 유사분열을 통하여 정모세포(spermatocytes)를 만든다. 각 정모세포는 염색체 수를 이배체(사람의 경우 2n = 46)에서 반수체(n = 23)로 감소시키는 감수분열을 통하여 4개의 정세포(spermatid)를 만든다. 정세포는 모양과 구성의 큰 변화를 거쳐 정자로 분화한다.

세정관 내에는 중심으로 향하는 일련의 정자형성 단계가 존재한다. 줄기세포는 관의 외부 가장자리 근처에 존재한다. 정자형성이 정원세포와 정세포 단계를 따라 진행

됨에 따라 세포들은 지속적으로 안쪽으로 이동한다. 마지막 단계에서 성숙한 정자는 관의 내강으로 분출된다. 정자는 내강으로부터 부정소로 이동하여 운동성을 갖게 된다.

정자의 구조는 그 기능에 적합하게 되어 있다. 대부분의 포유동물종에서와 같이, 사람의 정자는 반수체 핵을 담고 있는 머리 부분 끝에 정자가 난자를 뚫고 들어가는데, 이용되는 효소를 담은 특별한 구조인 첨체(acrosome)가 있다. 정자의 머리 뒷부분에는 많은 개수의(어떤 종에서는 하나의 커다란) 미토콘드리아가 있어 꼬리, 즉 편모(flagellum)를 움직이기 위해 ATP를 공급한다.

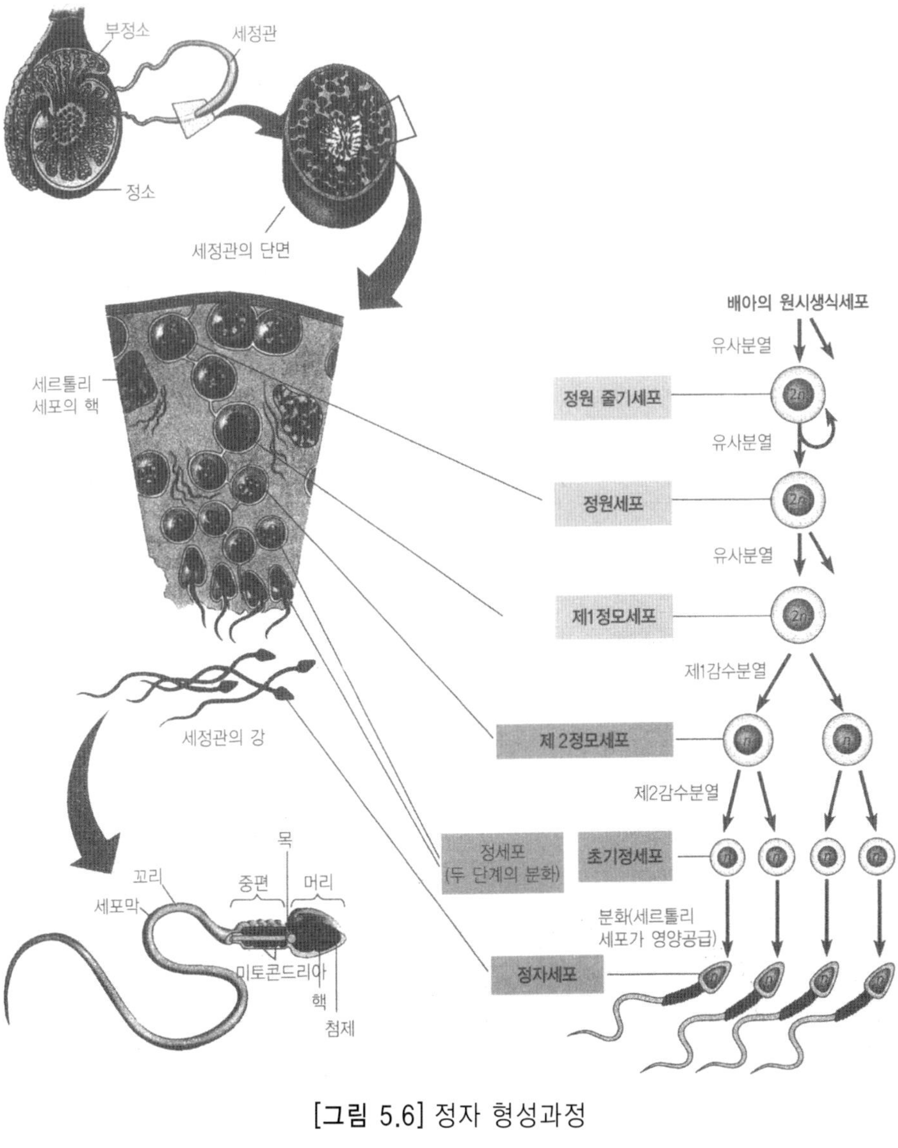

[그림 5.6] 정자 형성과정

3 시약 및 재료

- 사람의 정자
- 에오진
- 쥐의 정소
- 소의 정소

4 실험기구

- 여과지
- 핀셋
- 슬라이드 글라스
- 커버글라스
- 광학현미경
- 가위

5 실험방법

① 쥐의 정소를 가위로 자른 후 정액을 희석(소, 사람의 정액 역시 희석 후)하여 슬라이드 글라스에 한 방울 떨어뜨린다.

② 슬라이드 글라스 위에 에오진을 한 방울 떨어뜨리고, 조심스럽게 커버글라스를 덮는다.

③ 3~5분 후에 슬라이드 글라스를 접힌 여과지 사이에 넣고, 엄지손가락으로 가볍게 압착시킨다.

④ 현미경을 사용하여 저배율에서 고배율로 관찰한다.

⑤ 스케치를 한다.

실험보고서

조번호:	이름:
학번:	학과:
실험일자:	제출일자:

1) 정자의 모양 관찰하고, 그 결과 및 관찰된 기형정자를 스케치를 하시오(×400).

〈쥐 정자〉 〈사람의 정자〉 〈소의 정자〉

〈기형정자〉(사람)

2) 기형정자와 정상정자의 대략적인 비율을 쓰시오.

3) 살아 있는 정자와 죽은 정자의 비율을 쓰시오.

4) 살아 있는 정자가 붉게 염색되지 않는 이유는 무엇인가?

고 | 찰 | 및 | 소 | 감

06 닭의(난자) 발생과정

1 목 적

발생의 의미를 이해하고, 척추동물(vertebrate)의 배발생 과정을 직접 관찰한다.

2 이 론

발생(development)은 수정(fertilization)과 함께 시작되어 생물체가 죽을 때까지 계속되는 연속적인 과정으로 대부분의 동물에서 배발생은 거의 유사한 단계를 거쳐 진행된다.

[1] 닭의 배발생

닭의 배발생시에 나타나는 많은 과정들은 다른 양막류에 속하는 척추동물, 특히 포유류(mammals)와 유사성을 보인다. 그리고 닭의 배(chick embryo)는 포유류에 비해 재료를 구하기가 비교적 쉽고 원하는 발생단계를 비교적 쉽게 얻을 수 있으므로 발생초기과정을 관찰하고 실험에 사용하기에 많은 장점을 가지므로 배발생 단계를 이해하는데 많이 이용되고 있다.

닭의 배발생은 수란관에서 체내수정에 의해 시작되고, 체내에서 난할이 개시되며, 수천 개의 할구로 이루어진 포배(blastula) 상태로 산란된다. 산란 후 발생에 필요한

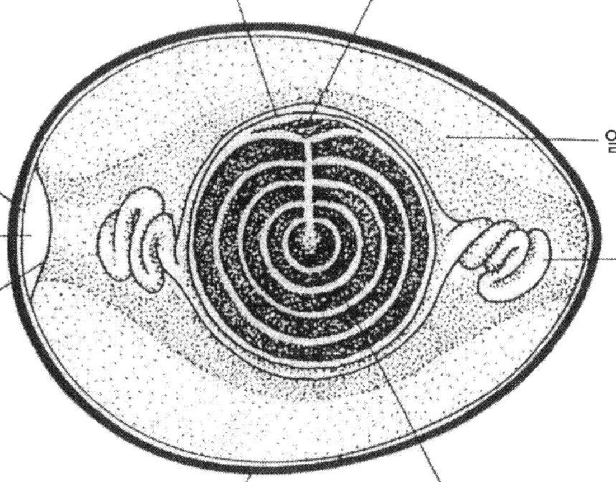

[그림 6.1] 닭 수정란의 횡단면

적절한 온도 및 습도에 이르기 전에는 더 이상 발생이 되지 않는다.

일반적으로 조류의 알은 난황의 양과 분포에 따른 난자의 분류상 강단황란(extremly telolecithal egg)에 속하며 난황이 없는 동물극의 세포질은 배반이라고 해서 작은 원반(disk)의 형태로 난황 위에 떠 있으며, 난할이 시작되면 배반엽(blastoderm)이라 불리우며 배와 배외막(extraembryonic membrane)의 대부분은 배반에서 기원한다. 배반엽의 중앙은 배하강(subgerminal cavity)에 의해 밑에 있는 난황과 분리되어 난황을 가지지 않지만, 배반엽의 가장자리는 난황을 포함하고 있는 세포들로 구성되어 있다. 따라서 배반엽의 중심부는 가장자리보다 투명하게 보이므로 이 부위를 명역(area pellucida)이라 하고, 가장자리를 암역(area opaca)이라 한다. 암역은 다시 둘로 나누어지는데 발생 중인 혈도(blood island)들이 있는 안쪽의 얼룩진 부위인 혈관역(area vasculosa)과 난황이 있는 바깥쪽을 난황역(area vitellina)이라 한다.

[2] 닭의 배발생 단계

닭의 배발생 단계는 일반적으로 Hamburger와 Hamilton(1951)이 정상 발생과정에서 정한 발생단계를 표준으로 사용하며, 발생 시작부터 부화까지 총 28단계로 각 발생단계의 주요 특정들은 다음과 같다.

- **단계 1.** 전 선조기(Prestreak: 0~5시간 부란)
  배순(embryonic shield)은 볼 수 있으나, 낭배기의 시작을 알리는 시원 선조(primitive streak)는 형성되지 않는다.
- **단계 2.** 초기 선조기(Initial streak : 6~7시간)
  시원 선조가 명역의 가장자리에서 짧고 굵은 원뿔 모양으로 나타나기 시작한다.
- **단계 3.** 중기 선조기(Intermediate streak : 12~13시간)
  시원 선조는 명역의 중심부까지 확장된다. 아직 원구(primitive groove)는 보이지 않는다.
- **단계 4.** 본 선조기(Difinitive streak : 18~19시간)
  시원 선조의 길이가 최대로 되고, 원구와 원와(primitive pit)와 원결절(primitive knot)이 나타난다. 명역은 그 형태가 마치 서양배 모양과 같고, 선조의 길이는 명역 길이의 3/4까지 확장된다.
- **단계 5.** (19~20시간)
  척색 돌기(notochordal process)를 볼 수 있으나, 머리는 아직 형성되지 않는다.
- **단계 6.** (23~25시간)
  두습(head fold)은 볼 수 있으나, 원체절(somite)은 형성되지 않는다.
- **단계 7.** (23~26시간)
  한 쌍의 원체절을 볼 수 있으며, 신경습(neural fold)이 나타난다.

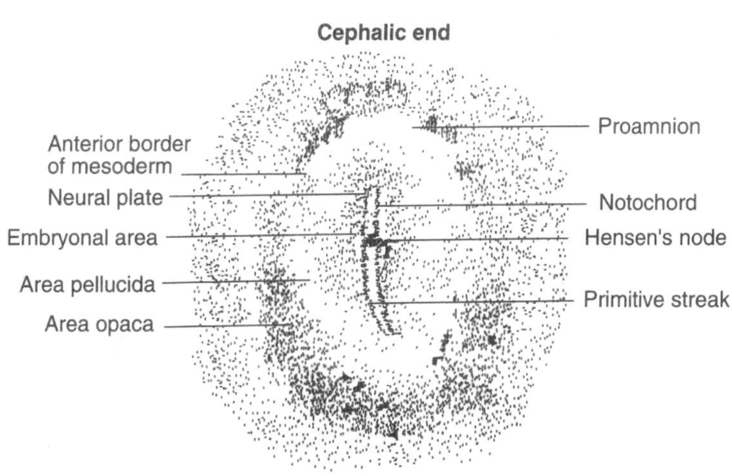

[그림 6.2] 부란 후 18시간 된 닭의 배(×20)

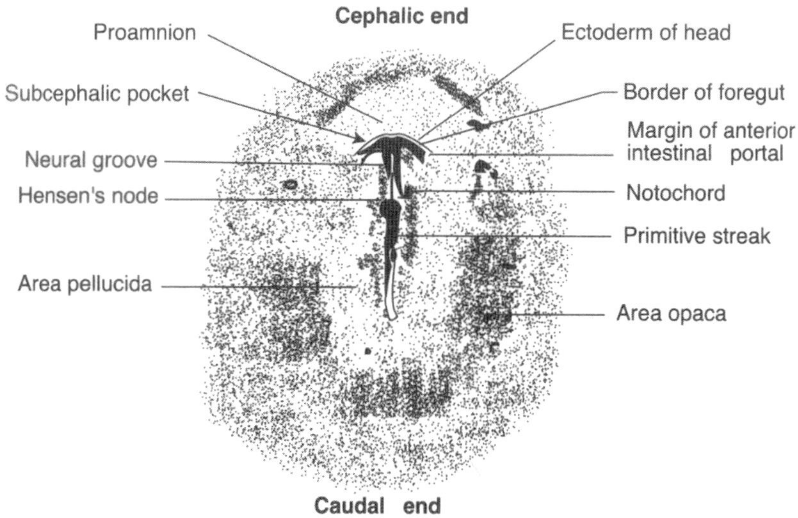

[그림 6.3] 부란 후 20시간 된 닭의 배(×17)

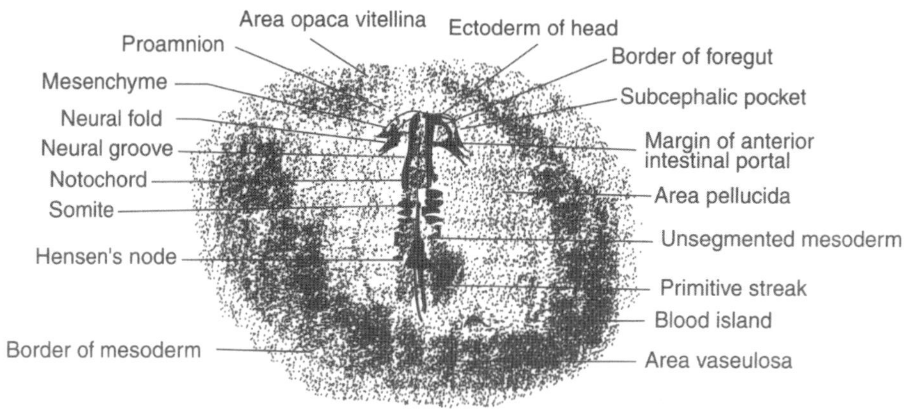

[그림 6.4] 부란 후 24시간 된 닭의 배(×16)

- **단계 8.** (26~29시간)

  신경습이 닫히기 시작하며, 혈도가 나타난다.

- **단계 9.** (29~33시간)

  안포(optic vesicle)가 보이며, 심장관(heart tube)이 합쳐지기 시작한다.

- **단계 10.** (33~38시간)

  세 부분에서 팽대된 원시뇌포(brain vesicle)가 보인다. 안포는 아직 수축되지 않은 상태이다.

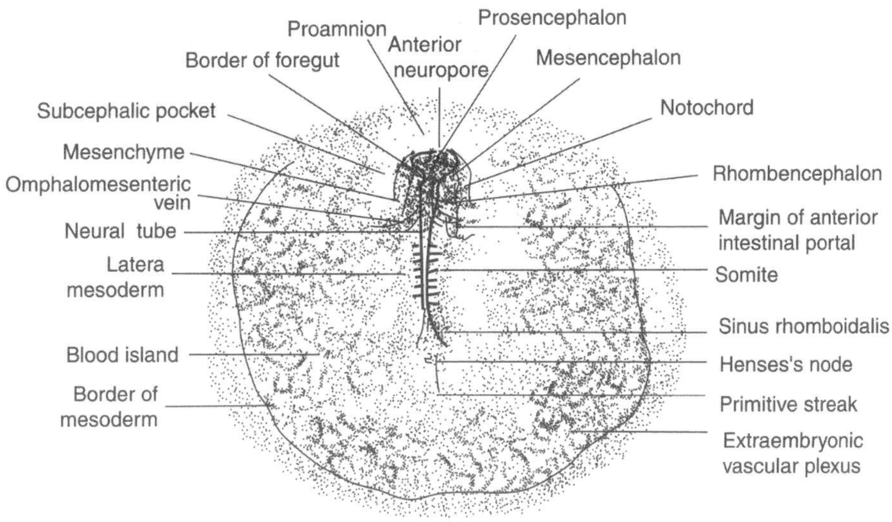

[그림 6.5] 부란 후 27~28시간 된 닭의 배(×14)

- **단계 11.** (40~45시간)
  다섯 개의 신경분절이 후뇌(hind brain)에서 보인다. 안포의 기저부가 수축되었고, 심장이 오른쪽으로 구부러진다.
- **단계 12.** (45~49시간)
  종뇌(telencephalon)가 보이고, 청와(auditory pits)가 깊어진다. 심장은 S자 형태이다. 양막(amnion)의 두습이 종뇌를 덮고 있다.

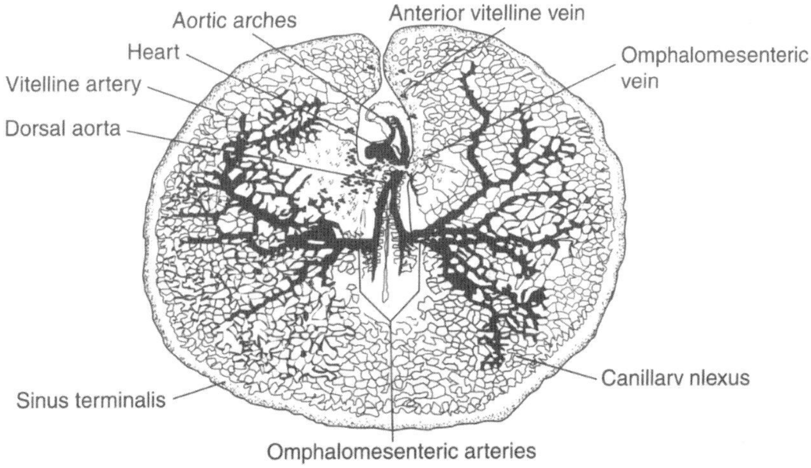

[그림 6.6] 부란 후 44시간 된 닭의 배(×12)

- **단계 13.** (48~52시간)
  머리가 오른쪽으로 틀어진다. 종뇌가 커진다. 양막습(amnion fold)이 후뇌까지 머리를 덮는다. 뇌굴곡(cranial flexure)과 경굴곡(cervical flexure)이 나타난다.
- **단계 14.** (50~53시간)
  뇌굴곡은 거의 직각이다. 내장궁(viscera arches) 1과 2, 새열(gill cleft) 1과 2가 확연히 구별된다. 안포가 함몰되고, 렌즈 형성판(lens placodes)이 보인다.
- **단계 15.** (50~55시간)
  뇌굴곡은 90° 이상이다. 내장궁 3과 새열 3이 분명하다. 안배(optic cup)가 형성된다.
- **단계 16.** (51~56시간)
  날개 원기를 겨우 볼 수 있고, 꼬리 원기가 나타난다. 다리 원기는 날개 원기보다 크다.
- **단계 17.** (52~64시간)
  날개 원기와 다리 원기가 보인다. 비와(nasal pits)가 형성된다. 요막(allamtois)은 볼 수 없다.
- **단계 18.** (3일)
  다리 원기가 날개 원기보다 약간 더 길다. 양막은 거의 완전하게 닫혀진다. 경굴곡은 거의 직각이다. 상악 돌기(maxillary process)와 네 번째 새열은 불분명하거나 없다. 요막이 보인다.
- **단계 19.** (3~3$\frac{1}{2}$일)
  상악 돌기(maxillary process)가 분명히 나타나고 하악 돌기(mandiblar process)만큼 길다. 요막이 작은 돌기의 형태로 꼬리 쪽에 나타난다. 눈에는 색소가 없다.
- **단계 20.** (3~3$\frac{1}{2}$일)
  몸통이 곧다. 요막은 소낭 모양이며 거의 중뇌만큼 크다. 눈에는 약간의 색소가 있다.
- **단계 21.** (3$\frac{1}{2}$일)
  외지(limb) 원기는 다소 비대칭형이고 이들의 축은 꼬리 쪽으로 향해 있다. 상악 돌기는 눈의 중앙까지 확장되며, 하악 돌기보다 길다. 네 번째 내장궁과 새열이 분명하다. 요막은 머리까지 확장된다. 눈의 색소가 확실히 나타난다.
- **단계 22.** (4일)
  날개와 다리의 원기는 폭보다 길이가 길다.

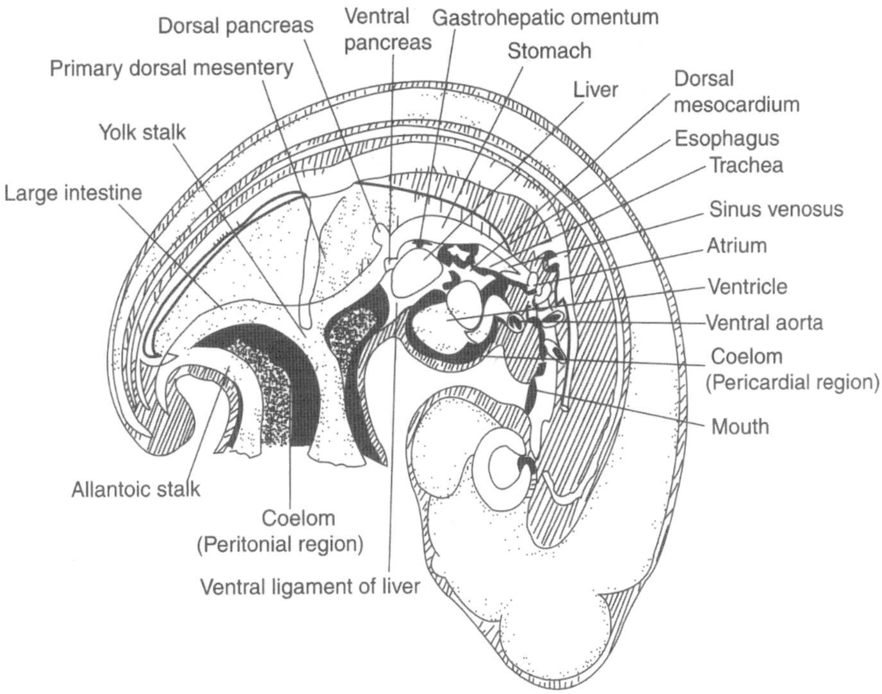

[그림 6.7] 부란 후 4일된 닭의 배(×14)

- **단계 23.** (5½일)
  부리가 나타나기 시작한다.
- **단계 24.** (7일)
  우아(feather germ)가 나타난다. 지골(digit)이 구별되기 시작한다.
- **단계 25.** (10일)
  labial groove는 윗턱 끝에서는 명확히 보이나, 하악 끝에서는 거의 보이지 않는다. 날개 깃털이 분명하다.
- **단계 26.** (13일)
  다리의 윗쪽 표면이 비늘로 덮여 있다. 날개 깃털이 뾰족한 원추형이다.
- **단계 27.** (17일)
  부리의 길이가 5.0㎜이다.
- **단계 28.** (20~21일)
  병아리로 부화한다.

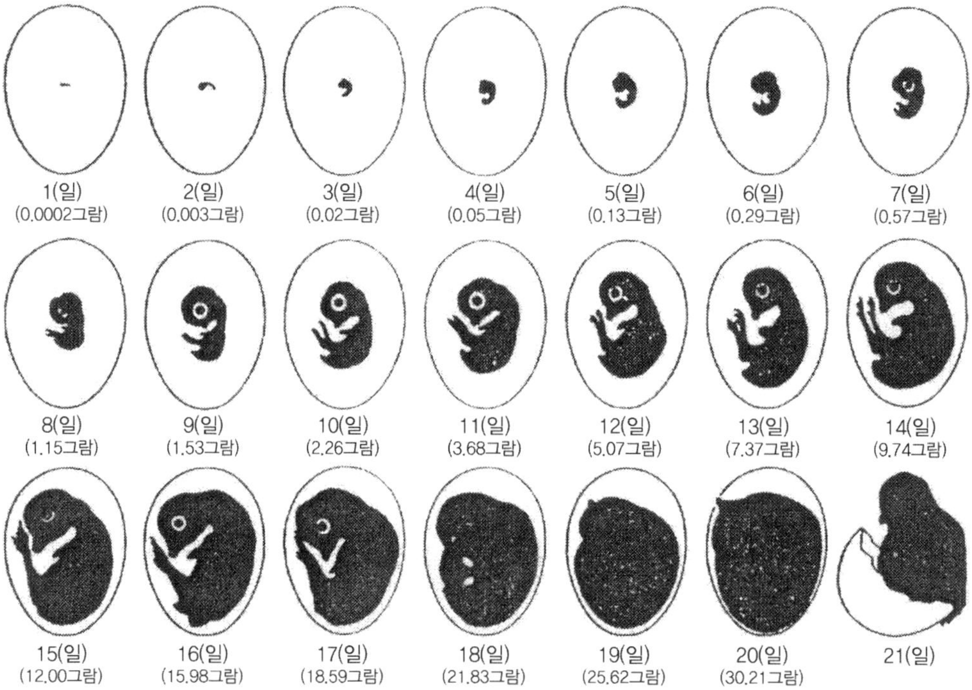

[그림 6.8] 닭의 배 발생 중 배 무게와 형태의 변화

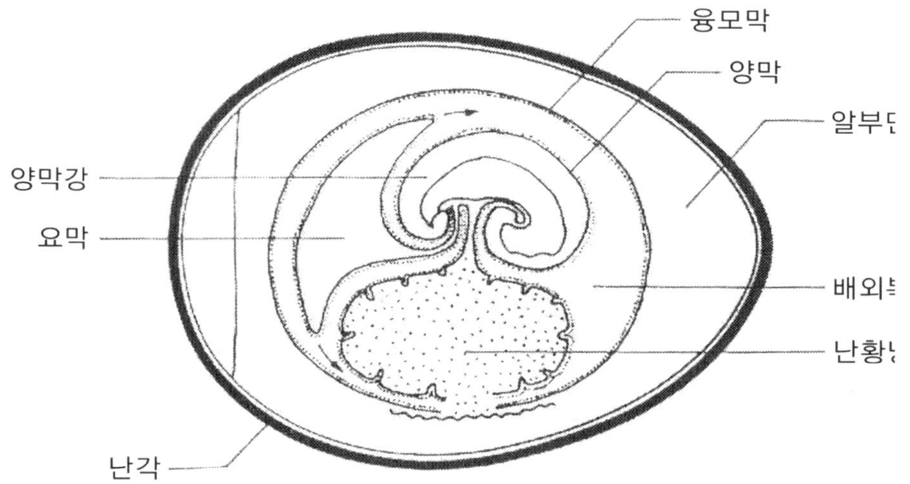

[그림 6.9] 닭의 배외막

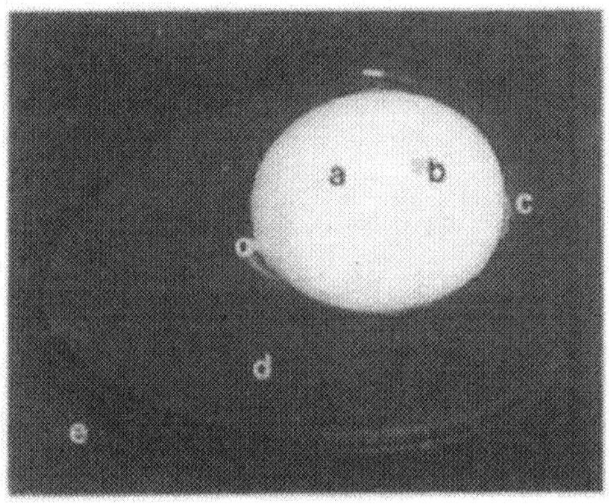

(a) 난황 (b) 배아판(배반) (c) 알끈 (d) 농후난백
(e) 외수양난백

[그림 6.10] 난황과 난백의 구성

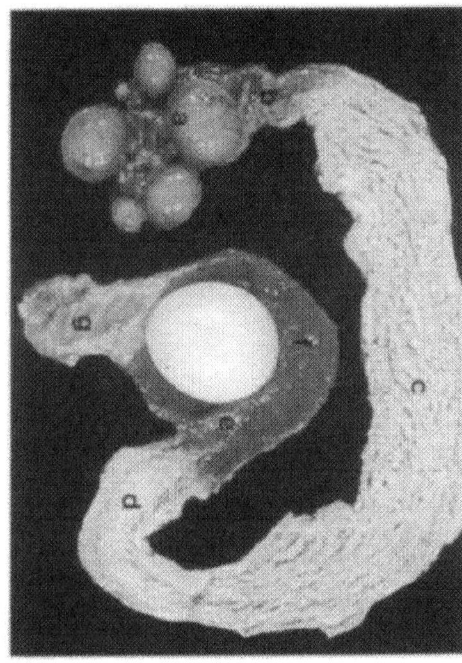

(a) 난소 (b) 난관누두부 (c) 난관팽대부 (d) 난관협부
(e) 자궁관부 (f) 자궁주머니 (g) 질

[그림 6.11] 성성숙한 산란계의 난소와 난관

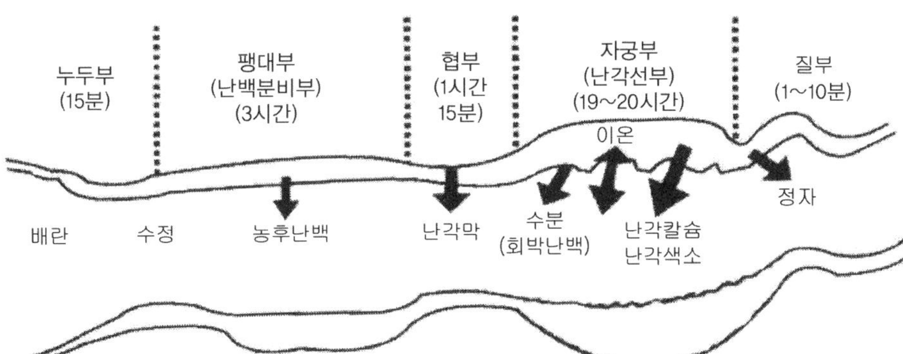

[그림 6.12] 닭의 산란 장기

3 시약 및 재료

- 미수정란
- 부란 후 12~15일째 수정란

4 실험기구

- 해부현미경 1대
- 해부세트
- 페트리디쉬

5 실험방법

[1] 배의 분리

① 수정란을 옆으로 뉘인 상태에서 난황이 터지지 않도록 조심스럽게 달걀을 깨어 배반엽이 난황의 위쪽에 위치하도록 하면서 수정란의 내용물을 0.9% 생리식염수가 들어있는 유리사발에 모은다.

② 암역보다 크게 여과지를 오려 배반엽 위에 조심스럽게 올린 후, 여과지 바깥쪽의 난황막을 오린다.

③ 여과지에 붙은 상태의 배를 새로운 식염수가 들어있는 시계접시에 옮겨, 여과지와 난황을 제거한다.

[2] 관 찰

① 배반엽이 겹치지 않도록 잘 편 후, 저배율 현미경으로 관찰한다.

② 여러 발생시기에 해당하는 준비된 대조표본을 보면서 척색 및 척추, 뇌, 원체절, 눈, 날개 및 다리, 심장, 부리 등의 형성과정을 추적하여 본다.

실험보고서

조번호:	이름:
학번:	학과:
실험일자:	제출일자:

1) 수정란과 미수정란을 관찰하고, 그리시오.

〈미수정란〉 〈수정란〉

〈발생 중인 병아리의 해부 모습〉

문 | 제 | 및 | 토 | 의

1) 난황과 난백의 기능은 무엇인가?

2) 발생 중인 닭의 배를 싸고 있는 배외막의 종류를 모두 나열하고, 각각의 기능을 설명하시오.

3) 난황낭은 포유류에서 퇴화되는데, 그 이유는 무엇인가?

고 | 찰 | 및 | 소 | 감

07 사람의 혈압측정

1 목 적

자동혈압계와 수동혈압계의 혈압측정 방법을 알고, 자신의 혈압과 맥박수를 측정하여 진단해 본다.

2 이 론

혈관은 혈액이 흘러가는 빈 공간으로 크게 모세혈관, 동맥, 정맥 세 가지로 나뉜다. 모세혈관은 내피층이 평평한 세포의 단일층으로 구성된 가장 가는 혈관으로 안쪽 지름이 적혈구가 간신히 빠져나갈 정도이며, 정맥과 동맥에 비해 혈관벽이 매우 얇은데, 이것은 혈액과 세포 사이에 물질이동이 잘 일어날 수 있도록 하는 구조이다.

동맥과 정맥은 모세혈관과 다르게 내피층을 둘러싼 두 개의 층을 갖는다. 바깥쪽은 탄력섬유층이 있어 혈관의 팽창과 회복을 도와주고, 중간에 평활근과 탄력섬유층이 있다.

하지만 같은 내피 지름에 대해 동맥이 정맥보다 약 세 배나 두꺼운 혈관벽을 갖는데 이는 심장이 뿜어낸 혈액의 높은 압력과 빠른 속도를 견디기 위함이며, 심장이 이완되는 시기에도 높은 혈압을 유지할 수 있게 한다.

정맥은 동맥보다 얇은 막을 가지며, 낮은 압력과 늦은 유속의 혈액을 심장으로 보내주는 통로로서 판막이 있어 혈액이 역류하는 것을 막는다.

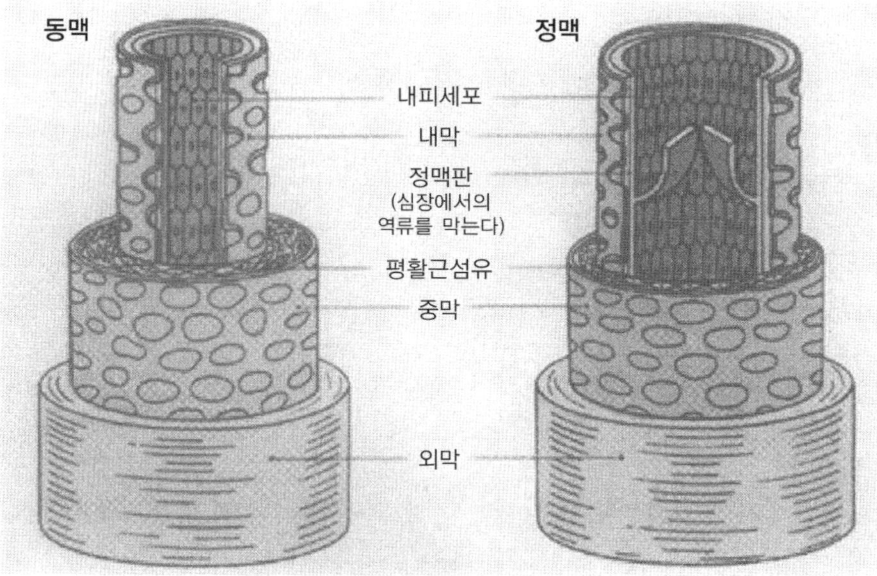

[그림 7.1] 동맥과 정맥

혈압은 크게 심장이 혈액을 온몸으로 공급하기 위해 심실이 강하게 수축하여 혈액이 뿜어져 나갈 때, 혈관에 미치는 압력인 수축기 혈압(최고혈압)과 심장이 이완될 때, 혈관에 유지되는 압력인 이완기 혈압(최저혈압)으로 나뉜다.

주 의 사 항

혈압측정하기 이전 주의사항

01) 혈압측정 전 적어도 5분 이상 안정을 취한다(담배를 피우거나, 커피를 마셨을 경우, 30분 후 측정).

02) 추운 곳은 피하고 적당한 실온(20℃ 전후)에서 측정한다.

03) 등받이가 있는 의자에 등을 기대고 편안히 앉아서 혈압을 측정한다.

04) 혈압을 측정할 팔을 심장 높이와 같도록 책상 위에 올리고 측정한다.

05) 커프는 옷이 아니라 반드시 맨 피부 위로 감는다.

06) 시간적 간격을 두고 두 번 이상 측정하며, 5㎜Hg 이상 차이가 나면 다시 측정한 후, 평균을 낸다.

3 시약 및 재료

- 수동혈압계
- 자동혈압계
- 청진기
- 초시계

4 실험방법

[1] 자동혈압계

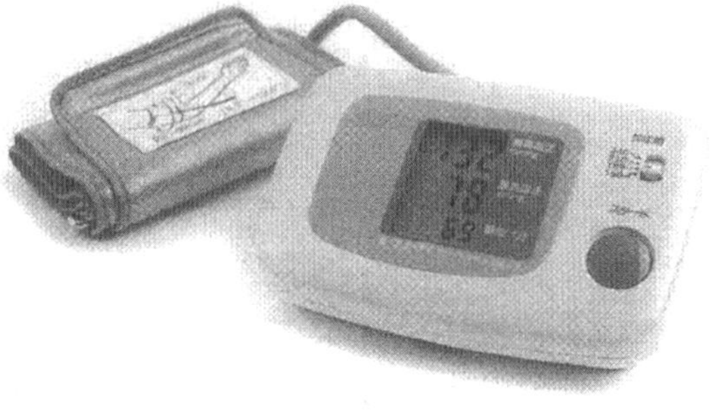

[그림 7.2] 자동혈압계

① 5분 정도 안정을 취한 후, 커프를 팔꿈치 접히는 선의 위쪽으로 약 5㎝ 높이에 오도록 하고 상완에 착용한다(커프 안으로 손가락이 1개 정도 들어갈 여유를 둔다).

② 혈압계의 전원을 켠 후, 커프 압력을 조절(150㎜Hg 정도)한 뒤 시작버튼을 누른다(삐 소리가 날 때까지 말을 하거나 긴장하지 않는다).

③ 삐 소리가 나면서 최고혈압, 최저혈압, 맥박수가 측정되면 보고서에 기록하고 결과를 진단한다.

[2] 수동혈압계

① 먼저 청진기를 심장이나 손목에 대고 맥박소리가 잘 들리는지 확인하다.

② 5분 정도 안정을 취한 후 커프를 팔꿈치 접히는 선의 위쪽으로 약 5㎝ 높이에 오도록 하고 상완에 착용한다.

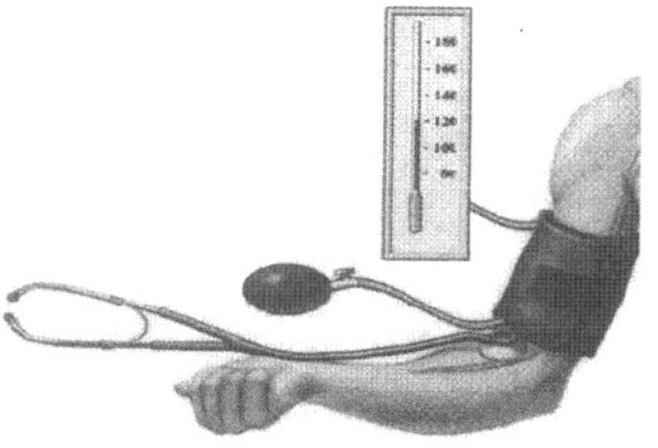

[그림 7.3] 수동혈압계

③ 청진기를 귀에 꽂고 팔꿈치 안쪽에 가만히 손을 올려놓아 맥이 뛰는 곳(상완동맥에 청진기를 댄다).

④ 공기펌프 위에 있는 조절기를 잠그고, 혈압계의 수은주 눈금이 160㎜Hg 이상이 될 때까지 계속 펌프질을 하면 커프가 팽창되어 팔이 꽉 조이게 된다.

⑤ 조절기를 살짝 풀어 커프 속의 공기가 천천히 빠져 나가도록 조절하면서 청진기로 첫 번째 "쿵" 소리가 났을 때 혈압계의 수은주 눈금(최고혈압)을 읽어주고, 맥박소리가 사라지는 마지막 지점에서의 눈금(최저혈압)을 읽은 뒤, 보고서에 결과를 기록하고 진단한다.

[3] 맥박수 측정

① 자신의 손목(요골동맥)이나 목 주변의 동맥에 엄지를 제외한 나머지 손가락을 대고, 지그시 눌러 1분간 뛰는 맥박수를 세어본다.

정상맥박 : 60~80회/분

〈혈압수치표〉

	수축기혈압(㎜Hg)	이완기혈압(㎜Hg)	처치
최적혈압	120 이하	80 이하	
정상혈압	129 이하	84 이하	2년 안에 재검사
높은 정상혈압	130~139	85~89	1년 안에 재검사
고혈압			
1단계	140~159	90~99	2달 안에 확정
2단계	160~179	100~109	1달 안에 확정
3단계	180 이상	110 이상	1주 안에 확정

실험보고서

조번호:	이름:
학번:	학과:
실험일자:	제출일자:

1) 자신의 혈압과 맥박수 측정결과를 기록하시오.

	최고혈압(mmHg)		최저혈압(mmHg)	
	수동	자동	수동	자동
앉은 자세				
운동한 후				

2) 혈압을 변동시키는 주된 요인들을 쓰시오.

3) 고혈압과 저혈압은 무엇이며, 예방법은 각각 무엇인가?

고 | 찰 | 및 | 소 | 감

08 균류(Fungi)의 다양성

1 목 적

고등미생물에 속하는 균류를 관찰하고, 그 특성을 알아보자.

2 이 론

균류는 미생물계 중에서 고등미생물에 속하는 것으로 핵이 뚜렷한 모양을 하고 있어, 하등미생물인 세균류와 구별된다. 일반적으로 곰팡이라고도 불리는 이 미생물군은 엽록소를 지니지 않으며, 조직의 분화가 일어나지 않으므로 고등식물에서 볼 수 있는 줄기, 잎, 뿌리와 같은 구조는 찾아 볼 수 없다. 균류는 진화적으로 조류와 밀접한 관계가 있는데, 이는 두 가지 생물군이 미분화 상태의 엽상체 구조를 지니기 때문이다.

균류는 크게 곰팡이(mold)와 효모(yeast)로 구분하는데, 곰팡이는 다세포체로 이루어진 생물이고 효모는 단세포생물의 특성을 지닌다([그림 8.1]). 곰팡이의 세포들은 비교적 크며 세포벽은 셀룰로오스이고 효모는 단세포생물의 특성을 지닌다. 곰팡이의 세포들은 커서 세포벽은 셀룰로오스나 키틴(chitin)으로 되어 있으며, 기본구조는 대부분 실 모양을 하고 있다. 이러한 관상구조를 균사(hypha)라 하며, 이들이 균사체(mycelium)를 형성한다. 균사의 끝이 생장하여 가지를 치면서 증식한다.

① 생식균사체 ② 영양균사체

(A) 곰팡이의 형태

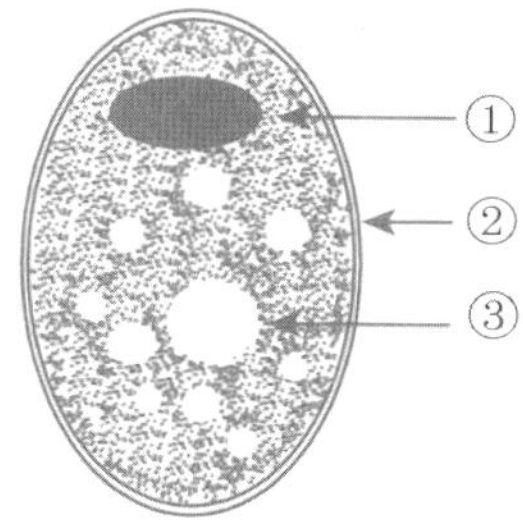

① 핵 ② 세포벽 ③ 액포

(B) 효모의 형태

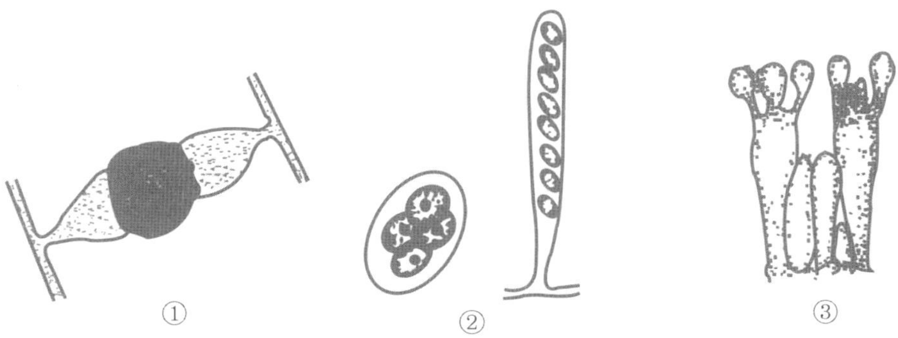

① 접합포자 ② 자낭포자 ③ 담자포자

(C) 유성포자의 종류

[그림 8.1] 균류의 여러 가지 형태와 포자의 종류

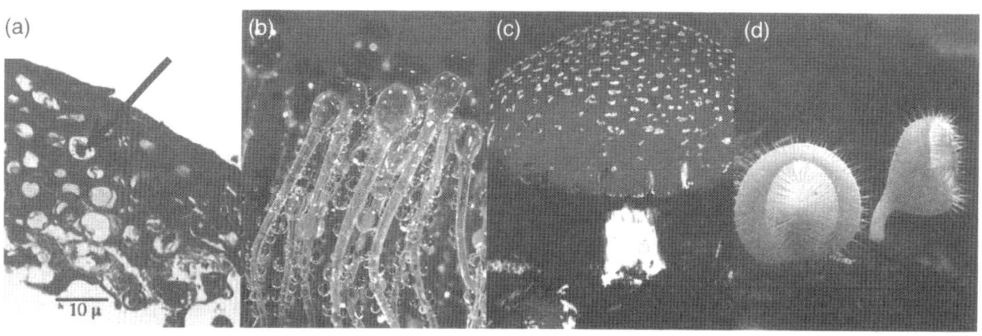

(a) 항아리균류 Batrachochytrium dendrobatidis(화살표) (b) 접합균류 Pilobolus
(c) 담자균류 Amanita muscaria (d) 자낭균류 Cookeina tricholoma

[그림 8.2] 네 가지 주요 균류의 예

균사는 격막이 있는 것과 없는 것이 있는데, 곰팡이를 분류하는 중요한 특징으로 여긴다. 또한 곰팡이는 포자를 형성하여 증식하는데, 무성포자(asexual spore)와 유성포자(sexual spore)가 있으며, 곰팡이 종류에 따라 형성과정과 형태가 다양하다([그림 8.2, 8.3]).

효모는 분류학상 곰팡이와 같이 진균류에 속하는 것으로 세균보다 크고, 구조는 곰팡이보다 간단하다. 다수의 효모는 당을 발효하여 이를 알코올과 이산화탄소로 전환시키는 능력이 있다. 세포벽은 2~3층이며, 키틴으로 구성되어 있고 세포질 내에는 분화된 핵과 영양물, 노폐물 등이 들어 있는 액포 및 글리코겐 입자가 들어 있다. 효모의 증식은 무성증식과 유성증식이 알려져 있는데, 무성증식은 출아법이나 이분법으로, 유성증식은 자낭포자(ascospore)를 형성함으로써 이루어진다.

[그림 8.3] 균사체

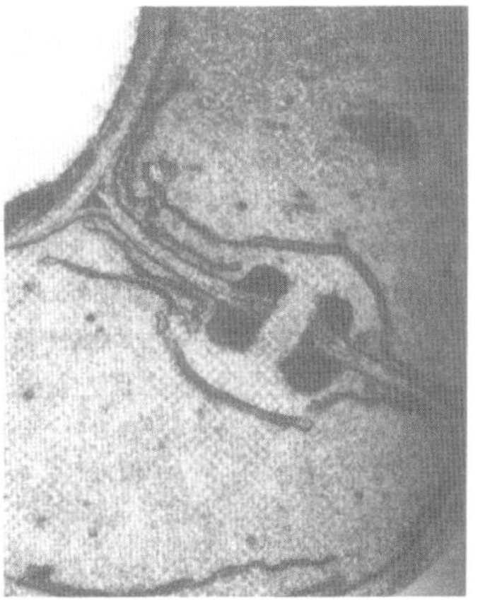

[그림 8.4] 접합포자

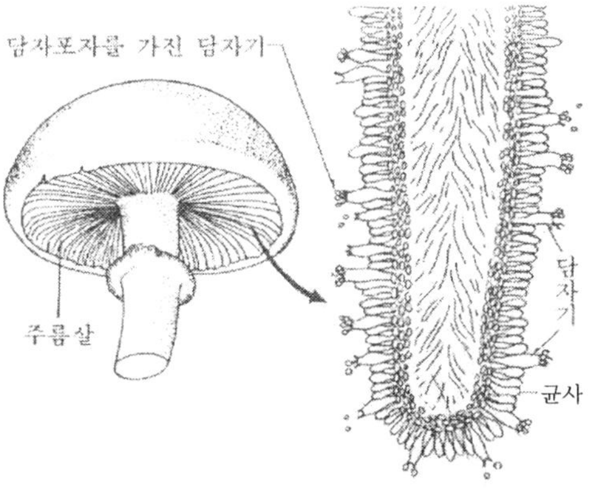

[그림 8.5] 버섯(담자균생물)

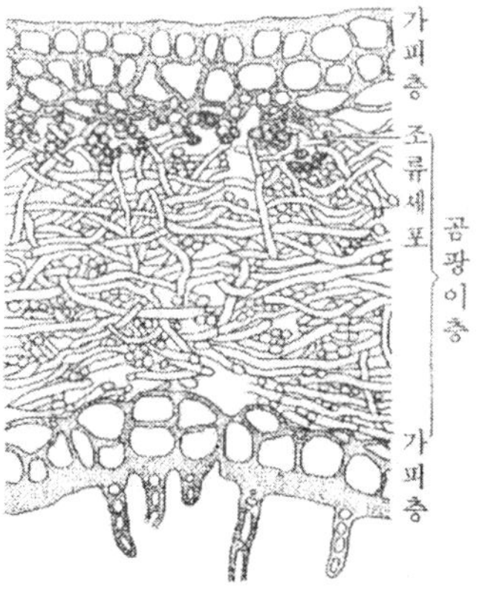

[그림 8.6] 지의류의 횡단구조

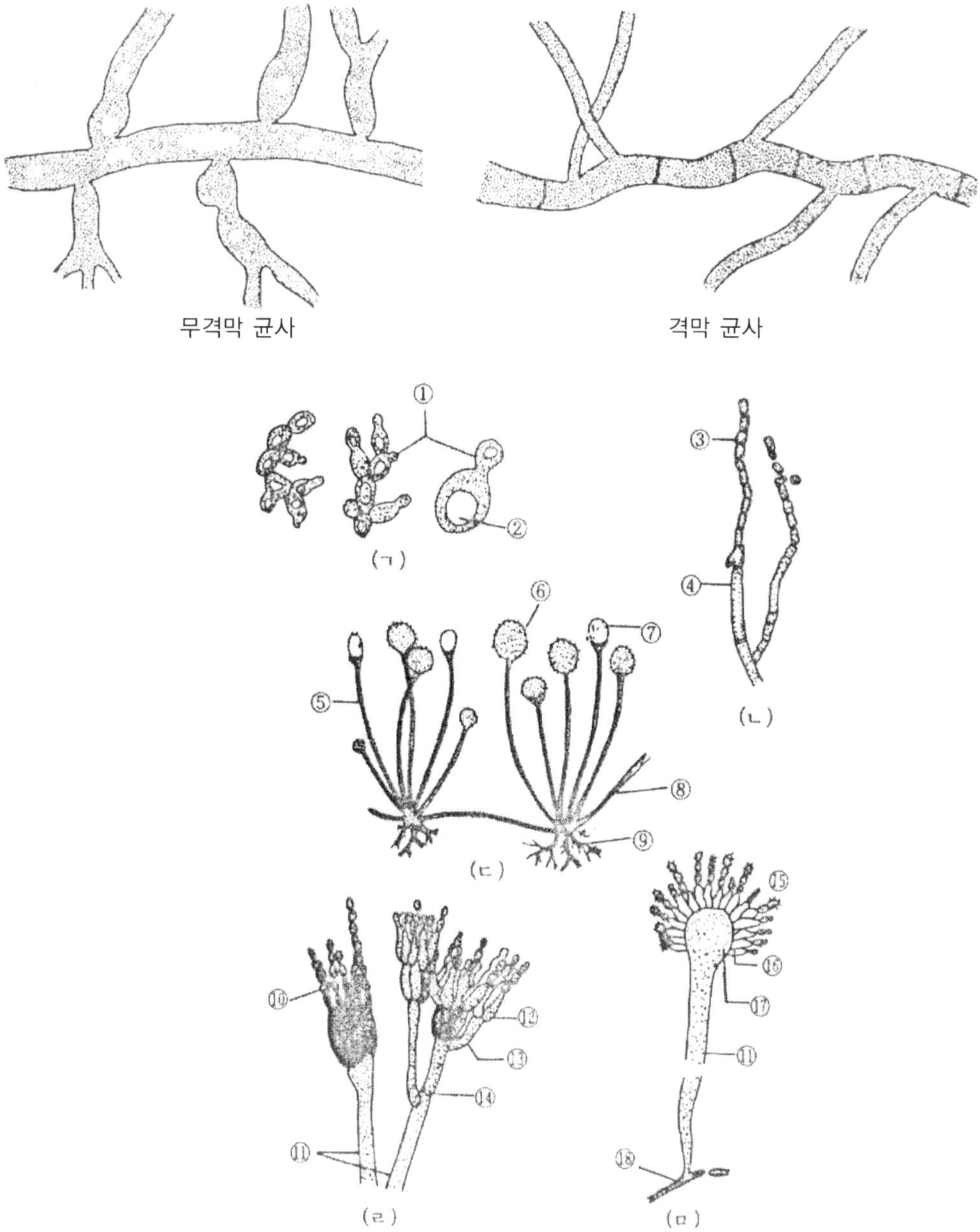

① 눈 ② 액포 ③ 분절포자 ④ 격막균사 ⑤ 포자낭병 ⑥ 포자낭 ⑦ 포자낭포자 ⑧ 포복균사 ⑨ 가근 ⑩ 분생자 ⑪ 분생자병 ⑫ 제2병자 ⑬ 제1병자 ⑭ 격막 ⑮ 분생포자 ⑯ 병자 ⑰ 소낭 ⑱ 병족세포

(ㄱ) *Saccharomyces* spp. (ㄴ) *Geotrichum* spp. (ㄷ) *Rhizopus* spp. (ㄹ) *Penicillium* spp. (ㅁ) *Aspergillus* spp.

[그림 8.7] 균류의 일반적 형태

균류는 점균류(Myxomycophyta)와 진균류(Eumycophyta)로 나누어지며, 이 중에서 진균류는 균사의 격막 유무, 자실체와 포자의 형성과정과 모양에 따라 조균류(Phycomycetes), 자낭균류(Ascomycetes), 담자균류(Basidiomycetes) 및 불완전균류(Deuteromycetes) 등으로 구분하여 나눈다.

3 시약 및 재료

- Sabouraud 배지에 배양한 *Rhizopus sp., Aspergillus sp., penicillium sp.*
- Yeast 배양액 또는 막걸리
- 빵곰팡이
- 누룩곰팡이
- 메틸렌블루(methylen blue)

4 실험기구

- 슬라이드 글라스
- 커브 글라스
- 알코올램프
- 백금이
- 여과지
- 세척병
- 현미경

5 실험방법

[1] 곰팡이(mold)의 관찰

① 전 배양된 곰팡이의 특징을 관찰한 다음 각각의 특징적인 균락을 백금이로 떠서, 깨끗한 슬라이드 글라스 위에 물 한 방울을 떨어뜨린 후, 조심스럽게 묻혀 놓는다.

② 현미경으로 관찰시 먼저 저배율에서 검경한 후, 관찰에 알맞은 현미경상을 찾으면, 고배율 대물렌즈로 맞추고 초점과 광량을 다시 조정한다.

③ 1,000배 이상의 고배율로 관찰시 cedar oil을 유침하여 관찰한다.

[2] 효모(yeast)의 관찰

① 실험하기 전날 1~2% 설탕물에 효모를 넣어 배양한다. 만일 배양하지 못하였으면 소량의 막걸리를 사용하여 관찰해도 좋다.

② yeast 배양액 한 방울을 슬라이드 글라스 위에 놓고, 커버글라스를 덮은 다음 저배율과 고배율의 순으로 관찰하면서 효모의 모양을 기록한다.

③ 효모의 내부구조를 관찰하여 스케치를 한다.

④ potassium iodide 용액으로 염색하여 전분입자와 비교한다.

⑤ 메틸렌블루로 염색하면 산 세포는 염색되지 않으나 죽은 세포는 염색되는데, 죽은 세포를 고배율에서 관찰한다.

실험보고서

조번호:	이름:
학번:	학과:
실험일자:	제출일자:

1) 관찰한 곰팡이와 효모를 스케치를 한다.

2) 막걸리에서 관찰된 균류는 무엇이며, 그 역할은 무엇인가?

3) 버섯이 녹색을 띠지 않는 이유는 무엇인가?

4) 균류와 인간생활의 관계를 설명해 보자.

고찰 및 소감

09 원생생물계(Protista kingdom)의 다양성

1 목 적

원생생물들을 관찰·이해하고, 이들의 진화적 단계에서의 공통점이 있는지를 확인하는 위치를 알아보고자 한다.

2 이 론

원생생물계는 서로 진화적인 공통점이 없는 다양한 진핵생물을 포함한다. 이 중 일부는 동물과 같이 다른 생물을 섭취하여 살아가고(animallike protists), 다른 일부는 광합성을 하거나(plantlike protists), 혹은 균류와 비슷한 영양방식으로 살아가는 종류도 있다(funguslike protists). 이들은 물이 있는 모든 곳에서(해수, 담수, 진흙, 땅속 등) 발견되며, 일부는 다른 동물에 기생하여 살아가기도 한다. 크기도 1㎛에서 약 1m에 이르는 종류까지 극히 다양하다.

[1] 원생동물(Protozoa, animallike protists)

원생동물은 대부분 단세포 상태로 살아가는 진핵생명체로 다양한 기능을 지닌 여러 가지 세포 내의 생활물질(celluar organelles)을 갖고 있다. 이런 세포입자에는 세포의 이동 및 먹이의 포획에 관여하는 위족(pseudopodium), 섬모(cilium), 편모(flagellum)와 삼투압의 조절에 관여하는 수축포(contractile vacuole) 등이 있다. 이들은 모두 타가영양체(heterotroph)로 다른 미생물이나 고형영양물을 체내로 섭취하여 세포내 소화를 하여 살아간다.

이들의 분류는 주로 이들의 운동방법인 편모, 섬모, 또는 위족의 유무에 의하여 육질편모충문(Phylum Sarcomastigophora), 포자충류(Sporozoans-phylum Apicomplexa and Phylum Microspora), 섬모충류(Phylum Cilophora) 등으로 나눈다.

1) 육질편모충문(Phylum Mastigophora)

이들은 편모 혹은 위족을 운동기관으로 갖는 원생동물로 편모충류와 아메바류로 크게 나누어진다.

① 편모충아문(Subphylum Mastigophora) : 이들은 성체에서 편모를 운동기관으로 가지며 엽록체를 갖고 있어, 광합성을 수행하는 식물성 편모충(Phytoflagellates)과 동물성 편모충(Zooflagellates)으로 나눈다. 식물성 편모충류는 조류(algae)로 분류한다.

㉠ 식물성 편모충 – 엽록체가 있어 광합성을 하며, 대개 1~2개의 편모를 갖고 있다.

㉡ 동물성 편모충 – 엽록체가 없고, 하나 혹은 여러 개의 편모를 가진다. 이들 중에는 사람이나 다른 동물에 기생하여 병을 일으키는 종류도 있다.

② 육질충아문(Subphylum Sarcodina) : 섭식 및 운동기관으로 위족을 갖고 있으며, 발생기관 중 일시적으로 편모를 가지는 경우도 있다. 이들 중 일부는 R껍질을 갖고 있다. 아메바(ameba), 방산충(radiorariens), 유공충(foraminiferans) 및 태양충(heliozoans)이 여기에 속한다.

2) 포자충류(Sporozoans-phylum Apicomplexa and Phylum Microspora)

이들은 포자를 형성하여 번식하고, 하나의 포자에는 하나 혹은 여러 개의 종충(spozoits)을 형성한다. 이들은 편모와 섬모를 가지지 않고 기생하여 살아간다(예: 말라리아 병원충).

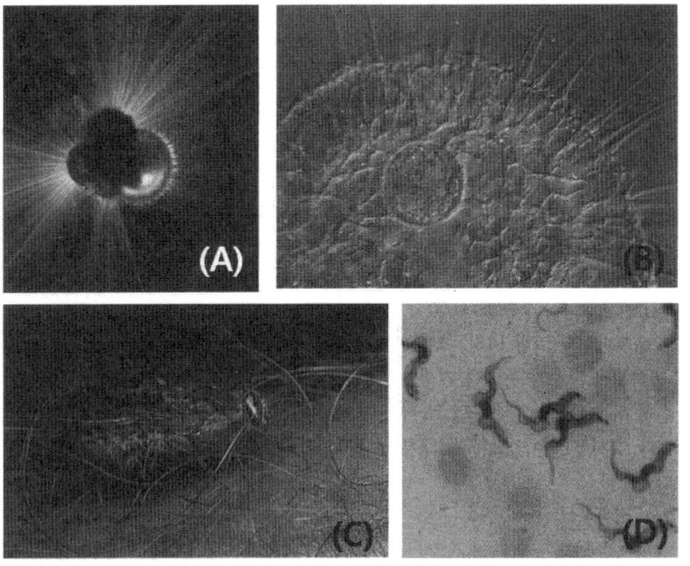

(A) 유공충(유공충문에 속하는 현생 유공충, 가는 세포성 돌출물인 위족은 칼슘성분의 종피 구멍을 통해 뻗어 나온다.) (B) 방산충류(방사족충문에 속하는 아메바로 바늘처럼 가는 위족을 가지고 있다.) (C) 동물성편모충류(동아프리카 탄자니아에서 수면병을 일으키는 트리파노소마를 옮기는 체체파리가 사람의 팔위에서 흡혈하는 모습) (D) 동물성편모충류(물결치듯이 움직이면서 쉽게 모양이 변하는 트리파노소마 모습)

[그림 9.1] 동물성 원생동물

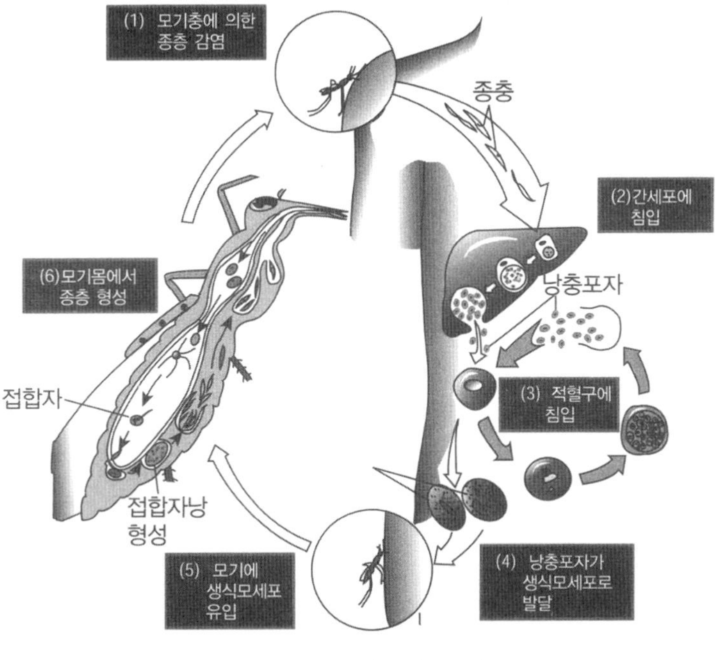

[그림 9.2] 포자충류의 생활

3) 섬모충류(Phylum Cilophora)

섬모충류는 원생동물 중 가장 많은 수를 차지하고 여기에 속하는 종류는 유사관계가 다른 계에 비하여 크다. 이들은 섬모를 이용하여 운동하거나 음식물을 섭취한다. 대부분은 세포구(cytostome)를 가지며 두 종의 핵 중 거핵(macronucleolus)은 세포대사에 관여하고, 소핵(micronucleolus)은 생식에 관여한다(예: 짚신벌레).

[2] 식물성 원생생물(plantlike protista)과 조류(algae)

조류는 세포의 형태에 의해 주로 분류된다. 즉, 세포벽의 화학적 조성, 이 세포들이 저장하는 물질, 광합성 색소의 종류, 편모(flagella)의 형태, 엽록체의 구조 등에 의해 분류된다. 이들 중 다수는 단세포 상태로 살아가거나, 식물처럼 다세포 상태로 살아가는 것도 다수 존재하며, 많은 수생태계에서 기초생산자의 역할을 한다.

홍조류(Rodophyta-red algae), 은화식물문(Crytophyta), 쌍편모조식물문(Dinoflagellatae), 황색편모조식물문(Chrysophyta), 갈조식물문(Phaeophyta), 유글레나식물문(Euglenophyta), 녹조식물문(Chlorophyta) 등으로 크게 나뉘어지고, 식물성 편모충류로는 황색편모조식물문, 쌍편모조식물문, 유글레나식물문, 녹조식물문 등이다.

[3] 균류 원생동물(Funguslike protista)

이들은 균류와 비슷한 특징을 보이나, 균류에 속하지 않는 종류를 말한다. 다 균류에 가까우나 세포의 구조가 원생생물과 같이 복잡하고, 주로 단세포 상태로 살아가거나 단순한 다세포로 살아가는 것과 Gymnomycota(slime molds)으로 나눈다.

Gymnomycota는 이들이 형성하는 plasmodium의 형태에 따라 Myxomycetes(slime molds)와 Acrasieae(cellular slime molds)로 나눈다.

이들은 영양 조건이 좋은 상태에서는 하나의 큰 세포에 여러 개의 핵이 존재하는 거대한 아메바와 비슷한 상태로 살아가나(plasmodium), 외부 환경이 나빠지면 fruiting body(sporangium)를 형성하고 여기에 포자가 만들어진다. 이런 포자가 발아하면 편모를 가진 배우자가 형성되고, 이들이 접합하여 다시 plasmodium을 이룬다.

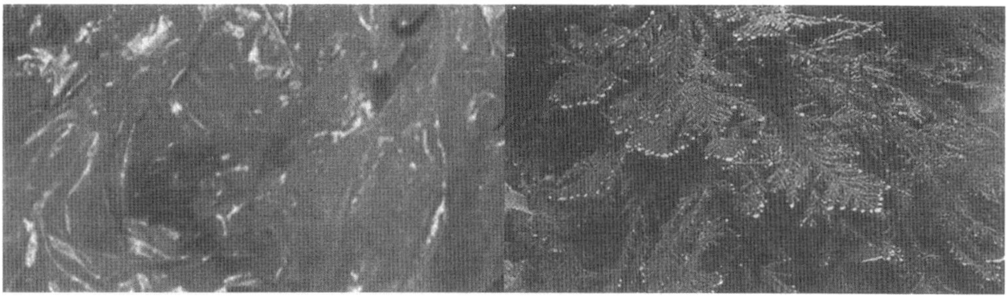

녹조류 홍조류

[그림 9.3] 조 류

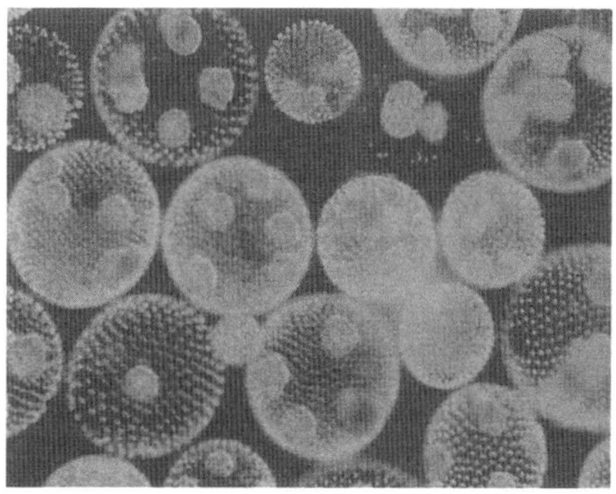

운동성이 있는 단세포 녹조류 개체가 함께 모여 구형의 군체가 볼복스(Volvox)가 되는데,
각 개체가 가지고 있는 편모를 움직여서 전체 군체가 이동하게 된다.

[그림 9.4] 군체성 조류

3 시약 및 재료

- 콩코레드-효모 현탁액(혹은 먹물)
- 염색시약
- 원생동물 배양액

▶ 메틸 셀룰로오스 용액의 제조법

10g의 methyl cellulose를 45mL의 끓는 물에 섞고, 20분 후에 같은 양의 찬물을 더하여 식힌 후에 사용한다.

4 실험기구

- 광학현미경
- 슬라이드 글라스
- 스포이드
- 커버글라스

5 실험방법

[1] 원생생물의 크기 정하는 법

① 현미경 시야에 의한 결정 – 복합현미경의 저배율 렌즈(대안렌즈×10, 대물렌즈×10)를 사용한 경우, 이 현미경의 시야는 직경이 1,600㎛이다(1㎜ 모눈종이를 사용하여 검증). 만약, 어떤 표본의 길이가 시야의 직경의 반 정도이면 이 생물의 크기는 약 800㎛이다. 고배율 렌즈를 사용할 때(대안렌즈×10, 대물렌즈×40)에는 저배율 시야의 직경을 4로 나눈 값(400㎛)이 이 배율에서의 시야의 크기이다.

② Ocular Micrometer 사용 – 실험대상이 시야 직경의 1/5 이하인 경우에는 Ocular Micrometer를 사용한다. 이것은 시야를 10등분한 스케일이다. 즉, 시야의 직경이 1,600㎛이면 각각의 작은 눈금의 간격은 16㎛이다.

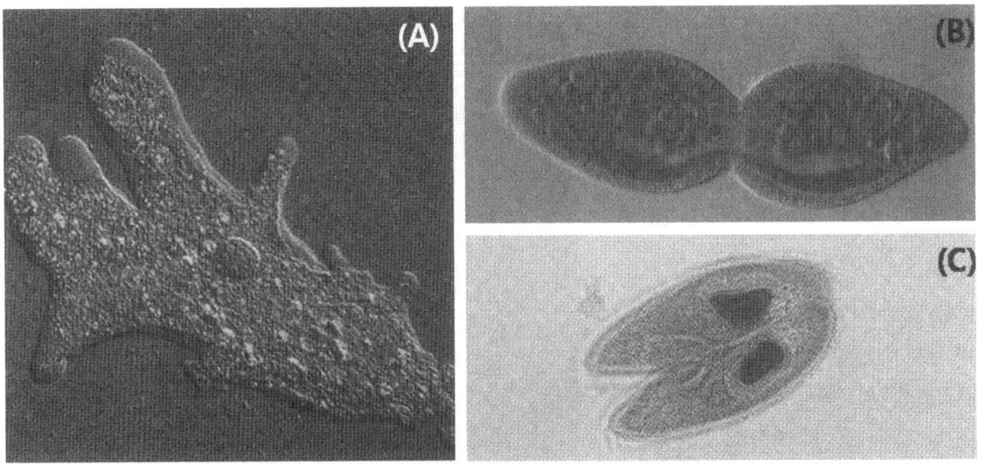

(A) 아메바 (B) 짚신벌레(무성생식) (C) 짚신벌레(유성생식)

[그림 9.5] 원생생물

[2] 원생생물의 관찰

1) 아메바의 관찰

파스퇴르 파이펫을 이용하여, 아메바 배양액에서 소량의 표본을 채취하여, 슬라이드 글라스에 놓고 덮개유리로 덮은 후, 낮은 배율로 관찰을 시작한다(살아 있는 표본을 관찰할 때에는 가능한 조명을 어둡게 하여 열에 의해 표본이 죽는 것을 방지해야 한다). 아메바는 한 층의 세포막으로 싸여 있고 세포질은 외질(ectoplasm, 무과립성의 얇고 투명한 원형질층)과 내질(endoplasm, 내부의 과립성 원형질)로 나뉘어 있고, 여러 세포기관은 내질 속에 산재한다.

2) 짚신벌레의 관찰

짚신벌레 배양액의 상층에서 표본을 채취하여 앞 실험에서와 같이 관찰한다.

① 저배율을 사용하여 크기, 형태, 색, 운동성을 관찰한다. 짚신벌레는 다양한 세포기관 섬모, 박막, 수축포, 대핵, 소핵, 세포구, 식포 등을 가진 복잡한 구조를 하고 있다.

② 다른 슬라이드에 표본을 놓고 여기에 같은 양의 35% 에탄올을 처리 후 관찰한다(박막 관찰).

③ 잘 섞은 효모 현탁액 또는 먹물 한 방울과 짚신벌레 배양액 한 방울을 섞은 후 메틸셀룰로오스 용액으로 처리하여 관찰한다. 짚신벌레 내에서의 효모의 이동과 색의 변화 및 소화되는 것을 관찰한다.

④ 사포(trichocyst)를 관찰한다. 한 방울의 붉은 잉크를 몇 방울의 짚신벌레 배양액(thick cultur)에 섞고 5분 후에 덮개유리를 덮고(짚신벌레가 죽는 경우는 더 적은 양의 잉크를 사용한다), 한 방울의 불루블랙잉크를 덮개유리 가장자리에 떨어뜨린다. 불루블랙잉크가 짚신벌레에 닿으면 이들은 사포를 방출하고 죽는다.

주 의 사 항

01) 정확한 형태를 관찰하여 동정을 한다.
02) 관찰시 현미경의 배율을 표시하고 관찰일시까지 명기한다.
03) 염색시약 35% 에탄올 : 박막 관찰
04) 산성 메틸그린(0.5% methyl green in 1% cetic acid) : 핵 염색

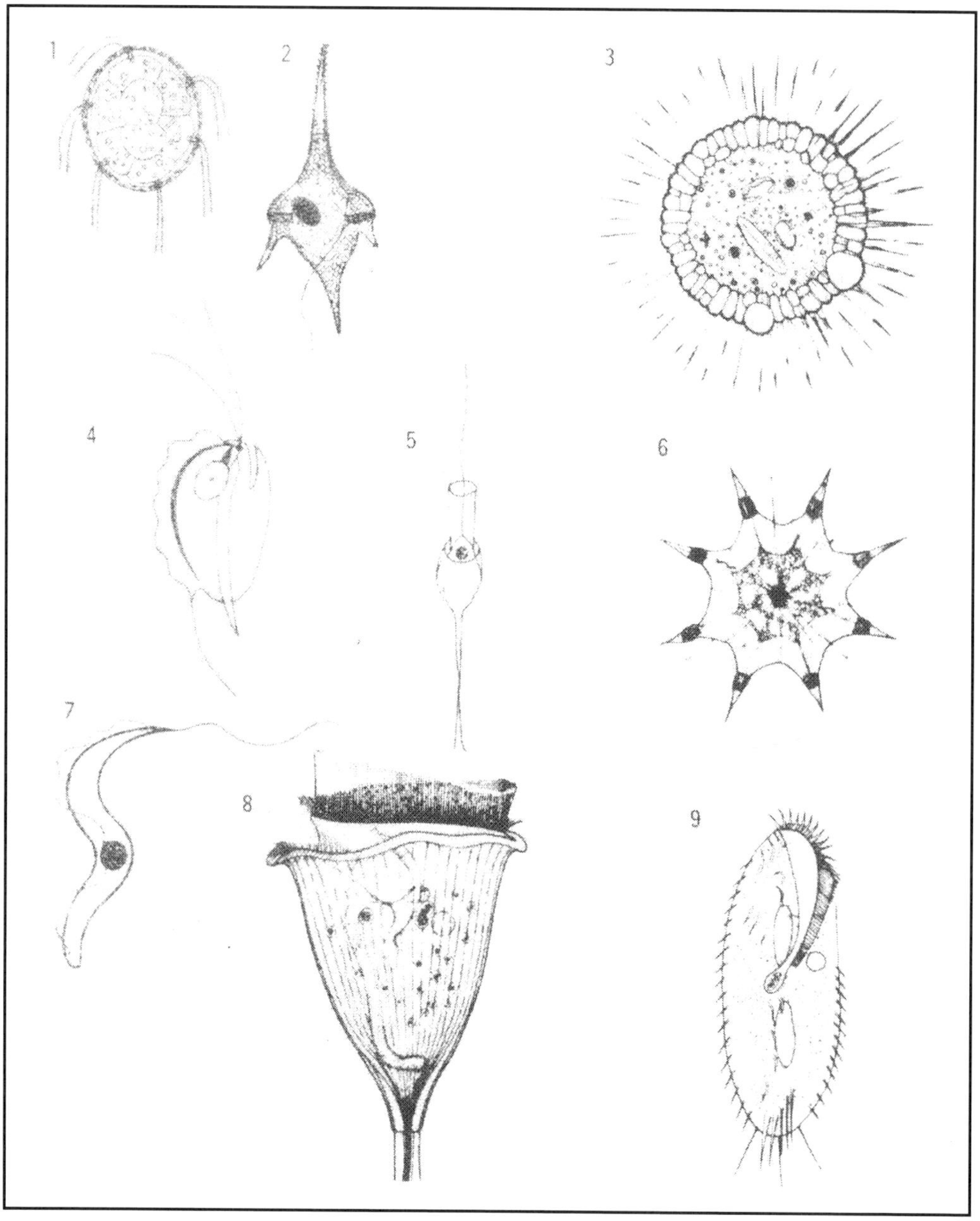

① 판도리나(*Pandorina*) ② 세라티움(*Ceratium*) ③ 액티노스페리움(*Actinospharium*)
④ 트리코모나스(*Trichomonas*) ⑤ 코도시가(*Codosiga*) ⑥ 아칸토메트라(*Acanthometra*)
⑦ 트리파노소마(*Trypanosoma*) ⑧ 볼티셀라(*Vorticella*) ⑨ 스티로니키아(*Stylonychia*)

[그림 9.6] 여러 원생동물

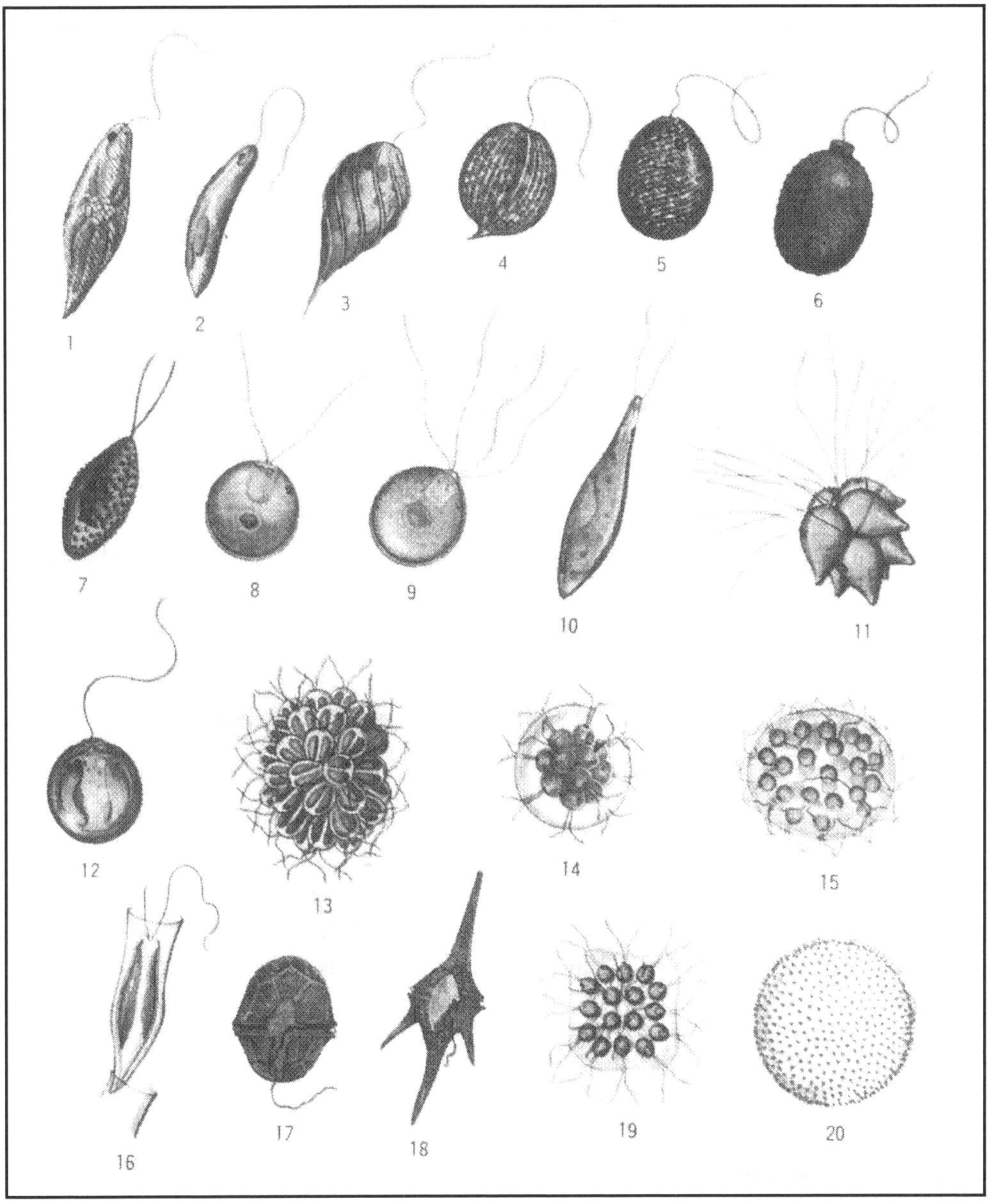

① *Euglena* (700×) ② *Euglena* (700×) ③ *Phacus* (1000×)
④ *Phacus* (350×) ⑤ *Lepocinclis* (350×) ⑥ *Trachelomonas* (1000×)
⑦ *Phacotus* (1500×) ⑧ *Chlamydomonas* (1000×) ⑨ *Carteria* (1500×)
⑩ *Chlorrogonium* (1000×) ⑪ *Pyrobotrys* (1000×) ⑫ *Chrysococcus* (3000×)
⑬ *Synura* (350×) ⑭ *Pandorina* (350×) ⑮ *Eudorina* (175×)
⑯ *Dinobyron* (1000×) ⑰ *Peridinium* (350×) ⑱ *Ceratium* (175×)
⑲ *Gonium* (350×) ⑳ *Volvox* (100×)

[그림 9.7] 편모조류의 여러 형태

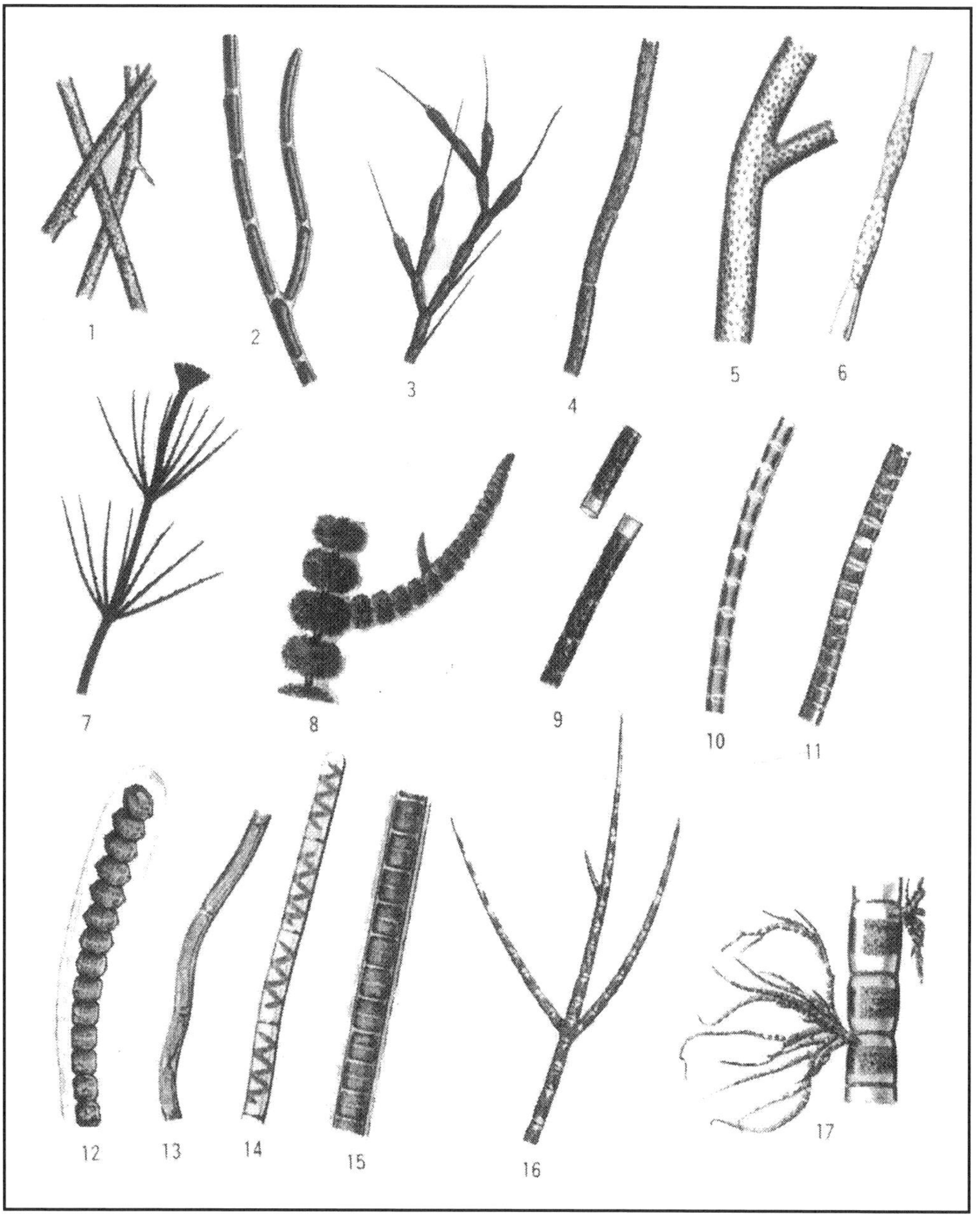

① *Rhizoclonium* (175×) ② *Cladophora* (100×) ③ *Bulbochaete* (100×)
④ *Oedogonium* (350×) ⑤ *Vaucheria* (100×) ⑥ *Tribonema* (300×)
⑦ *Chara* (3) ⑧ *Batrachospermum* (2) ⑨ *Microspora* (175×)
⑩ *Ulothrixt* (175×) ⑪ *Ulothrixt* (175×) ⑫ *Desmidium* (175×)
⑬ *Mougeotia* (175×) ⑭ *Spirogyra* (175×) ⑮ *Zygnema* (175×)
⑯ *Stigeoclonium* (300×) ⑰ *Draparnaldia* (100×)

[그림 9.8] 사상조류의 여러 형태

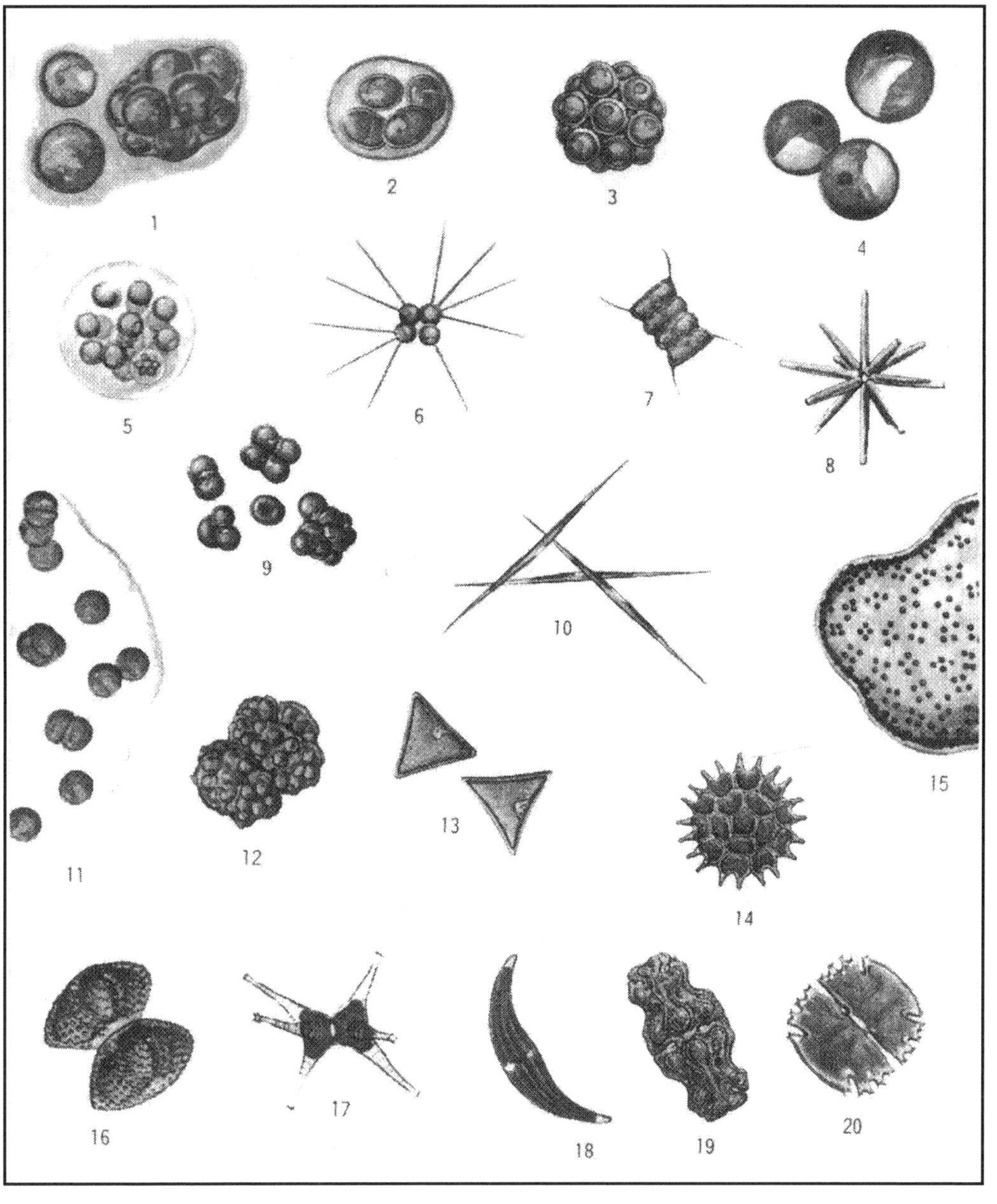

① *Chlorococcum* (700×) ② *Oocystis* (700×) ③ *Coelastrum* (350×)
④ *Chlorella* (350×) ⑤ *Sphaerocystis* (350×) ⑥ *Micractinium* (700×)
⑦ *Scendesmus* (700×) ⑧ *Actinastrum* (700×) ⑨ *Phytoconis* (700×)
⑩ *Ankisstrodesmus* (700×) ⑪ *Pamella* (700×) ⑫ *Botryococcus* (700×)
⑬ *Tetraedron* (700×) ⑭ *Pedistrum* (1000×) ⑮ *Tetraspora* (100×)
⑯ *Staurastrum* (700×) ⑰ *Staurastrum* (350×) ⑱ *Closterium* (175×)
⑲ *Euastrum* (350×) ⑳ *Micrasterias* (175×)

[그림 9.9] 무편모조류의 여러 형태

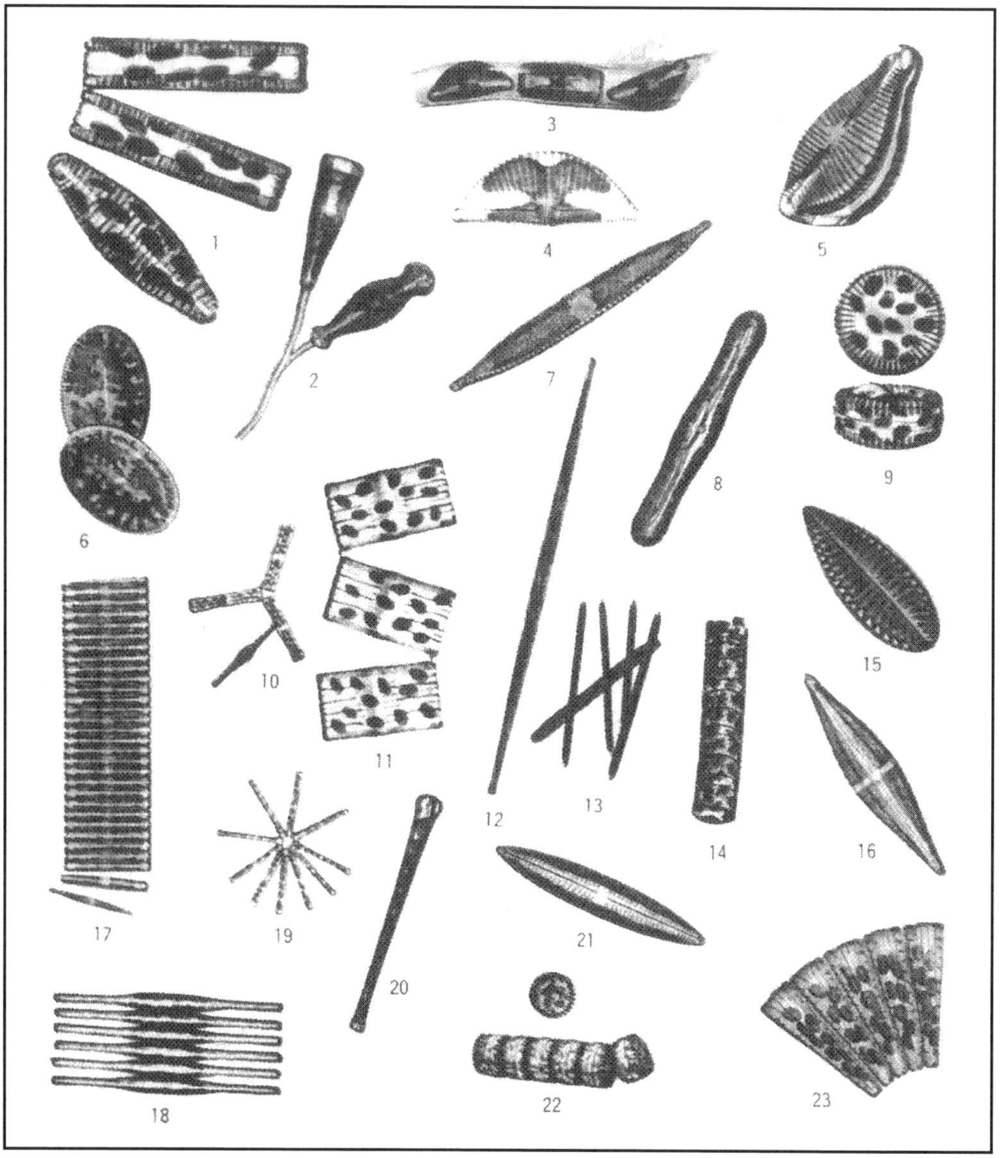

① *Diatoma* (1000×) ② *Gomphonema* (175×) ③ *Cymbella* (175×)
④ *Cymbella* (1000×) ⑤ *Gomphonema* (2000×) ⑥ *Cocconeis* (750×)
⑦ *Nitschia* (1500×) ⑧ *Pinnularia* (175×) ⑨ *Cyclotella* (1000×)
⑩ *Tabellaria* (175×) ⑪ *Tabellaria* (1000×) ⑫ *Synedra* (350×)
⑬ *Synedra* (175×) ⑭ *Melosira* (750×) ⑮ *Surirella* (350×)
⑯ *Stauroneis* (350×) ⑰ *Fragillaria* (750×) ⑱ *Fragillaria* (750×)
⑲ *Asterionella* (175×) ⑳ *Asterionella* (750×) ㉑ *Navicula* (750×)
㉒ *Stephanodiscus* (750×) ㉓ *Meridion* (750×)

[그림 9.10] 규조류의 여러 형태

실험보고서

조번호:	이름:
학번:	학과:
실험일자:	제출일자:

1) 관찰된 원생생물을 종류별로 동정하여 스케치를 하시오.

2) 원생생물의 일반적인 특징은 무엇인가?

3) 원생생물과 진핵생물의 차이점을 비교하여 설명하시오.

고 | 찰 | 및 | 소 | 감

10 체세포분열-유사분열

1 목 적

세포의 체세포분열을 직접 관찰함으로써 각 분열시기를 직접 관찰하고 이해한다.

2 이 론

세포(cell)의 자기복제 능력은 세포의 연속성 유지를 위해 필요하다. 보통 세포분열(cell division)은 핵분열(karyokinesis)의 양상에 따라 유사분열(mitosis)과 무사분열(amitosis)로 구분되며, 유사분열은 다시 체세포의 증식과정인 체세포분열(somatic cell division)과 생식세포, 즉 정세포(sperm)나 난세포(egg)의 형성과정인 감수분열(meiosis)로 구분된다.

진핵세포(eukaryotic cell)는 일정한 주기의 세포분열 과정을 통해 동일한 유전정보를 갖는 세포들로 증식해 나가는데, 이 과정을 편의상 간기(interphase)와 분열기(mitosis)로 나눈다.

간기(또는 휴식기) 동안에는 광학적으로 뚜렷한 염색체(chromosome)가 관찰되지 않으며, 생합성(biosynthesis) 등 물질대사(metabolism)가 왕성하게 일어나고 DNA가 복제된다. 간기의 핵질은 분열기에 염색체를 구성하는 염색질(chromatin)로 불규칙하게 분포되어 있다. 유사분열은 염색체의 상태에 따라 전기(prophase), 중기(metaphase), 후기(anaphase), 말기(telophase)로 나눈다.

체세포분열(somatic cell division)은 생명체의 성장(growth), 손상되거나 파괴된 조직을 재생(regeneration)시키기 위해 필요한 세포분열 방식으로 염색체 수가 모세포(mother cell)와 동일한 딸세포(daughter cell)를 생산하며 유전적 잠재력 또한 모세포와 동일하게 보존된다. 그러므로 체세포분열은 염색체 수의 유지, 생장, 지속, 생물체의 보수를 위해 새로운 세포를 생산해 내기 위한 일련의 세포분열 방식이며, 간기와 분열기(전기, 중기, 후기, 말기)로 나눈다. 식물의 근단을 이용하여 표본을 만들어 유사분열 과정을 직접 관찰해 보자.

[1] 체세포분열(유사분열)

체세포분열의 주기는 간기・전기・중기・후기・말기로 이루어지며, 간기는 다시 G1기・S기・G2기로 나눈다.

1) 간 기

물질대사가 왕성한 시기로서 이때 DNA가 복제된다.

2) 전 기

핵분열 과정에서 가시적인 핵변화의 초기단계이며, 간기 염색질로부터 염색체가 개개의 단위로 나타나는 단계이다. 전기가 시작되면 염색질은 가늘고 긴 끈 모양의 염색사로 된다. 전기가 경과함에 따라 짧고 두꺼운 전형적인 염색체가 형성된다. 이때 동물세포에서는 중심체가 양극으로 이동하기 시작하며, 중심체 주위에는 투명한 섬유성인 방추사(spindle fiber)가 나타난다. 이 방추사는 중기가 시작될 때까지 중심체가 양극으로 이동하는 동안 염색체를 사이에 두고 계속 뻗어나가 방추체상(spindle figure)으로 변형된다. 식물세포에서는 중심체가 없는 반면에, 간기세포의 원형질막 부근에 있던 미세섬유에서 방추사가 유래된다.

3) 중 기

각 염색체의 동원체가 분열 적도면에 배열되는 시기이며, 인과 핵막이 없어진다. 그리고 중심체는 양극에 도달하여 방추사가 완전히 뻗어서 방추기관(spindle apparatus)이 형성된다. 중기 염색체는 동원체에서 인접된 두 개의 종렬염색분체로 구성되어, 각 염색체의 구조적 특징을 나타낸다.

4) 후 기

이미 종렬에 의해 쌍을 이룬 각 염색분체가 동원체가 있는 곳으로부터 갈라지면서 양극으로 이동하기 시작하여 양극에 도달되기까지이다. 이때 각 염색체는 동원체의 위치에 따라 여러 가지 모습을 보인다.

5) 말 기

양극에 도달한 염색체가 간기 염색질로 변형되어 가고, 이때 핵막과 인이 다시 형성되며, 두 개의 새로운 핵이 완성된다.

3 시약 및 재료

- 양파 또는 자주달개비의 뿌리
- 1N HCl 10mL
- 에탄올 10mL
- 아세트산 10mL
- 아세트산-카민 4mL

4 실험기구

- 광학현미경 1대
- 해부침 2개
- 슬라이드 글라스 5장
- 커버글라스 7장
- 알코올램프 1개
- 여과지 3매

5 실험방법

① 발근시킨 양파의 뿌리가 1~2㎝ 정도 자랐을 때, 뿌리의 끝으로부터 약 5㎜ 정도 절단하여 고정액(에탄올 3 : 빙초산 1)으로 5~7분 동안 고정시킨다.

② 1N HCl이 들어 있는 비이커를 알코올램프로 가열하여 중탕한 후 55℃가 되었을 때, 고정한 근단을 거즈에 싸서 넣고 약 8분간 가열한다.

③ 근단을 들어내어 슬라이드 글라스 위에 올려놓고, 아세트산-카민액을 한 방울 떨어뜨린 다음 두 개의 해부침으로 근단을 잘게 찢는다.

④ 커버글라스로 덮는다.

⑤ 약 10분 경과 후, 고무가 달린 연필로 커버글라스를 가볍게 두드려 세포들이 잘 펴지게 한다.

⑥ 여과지를 커버글라스 위에 덮고 오른 손 엄지손가락으로 압착시킨 후, 현미경으로 검경한다.

표 10-1. 세포의 분열주기

간기 (interphase)	DNA 합성 전기(G1)	DNA 합성 준비기, 세포의 분화와 성장
	DNA 합성기(S)	DNA 복제
	DNA 합성 후기(G2)	처음 DNA 양의 2배
분열기 (mitosis)	전기(prophase)	핵분열 개시, 염색체 응축 핵막 소실, 핵질과 세포질 혼합 방추사(spindle fiber) 성상체(aster) 출현
	중기(metaphase)	염색체는 염색분체로 방사상으로 적도판에 배열
	후기(anaphase)	염색체가 분리, 양극으로 이동
	말기(telophase)	염색체가 간기 염색질로 변형 핵막과 인 형성, 딸핵 형성 세포질 분열(동물 : 원형질막 함입, 식물 : 세포판 형성)

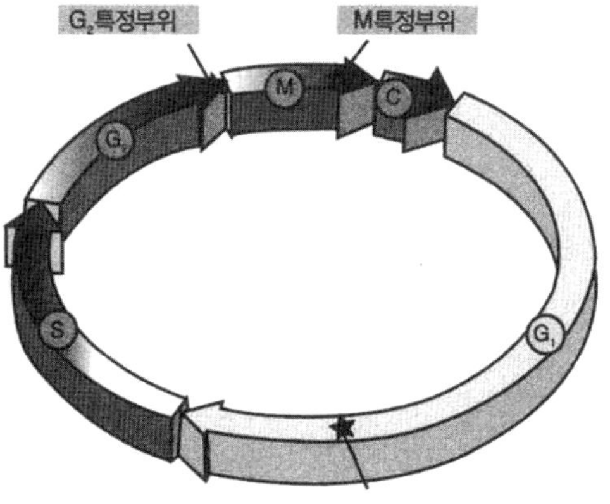

[그림 10.1] 세포주기의 조절

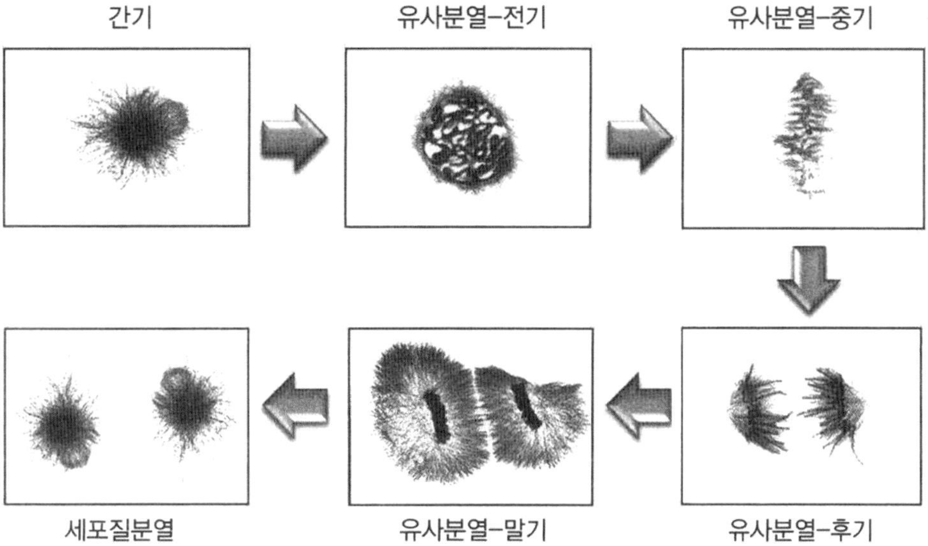

[그림 10.2] 세포분열 과정

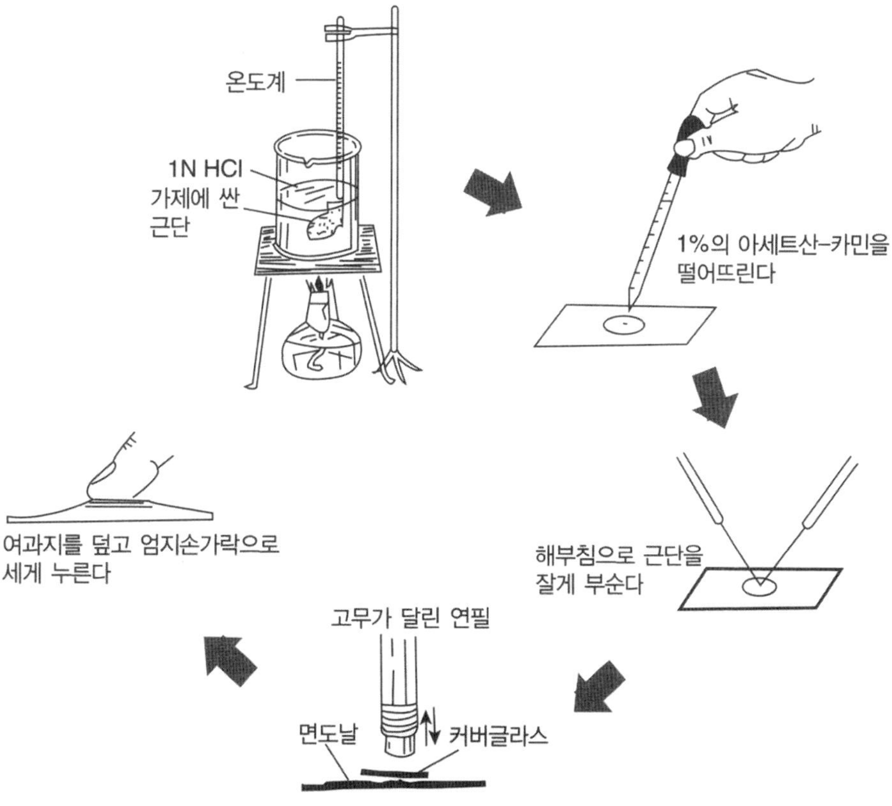

[그림 10.3] 근단의 체세포분열 표본 제작 과정

주 의 사 항

01) 아세트산-카민에 의한 염색방법으로는 세포질이 염색되지 않아 세포질 내의 변화는 관찰하기 어렵지만, 염색질과 염색체는 선명히 염색되므로 간기세포와 유사분열 과정에 있는 각 시기를 선명하게 관찰할 수 있다.

02) 커버글라스를 덮을 때, 기포가 생기지 않도록 아세트산-카민을 충분히 떨어뜨린다.

03) 세포층이 분산되어 있지 않거나 염색이 충분히 되어 있지 않은 경우에는 다시 커버글라스 한쪽 가장자리에 아세트산-카민을 한 방울 떨어뜨리고 몇 분이 지난 후 압착시켜 관찰한다.

실험보고서

조번호:	이름:
학번:	학과:
실험일자:	제출일자:

1) 관찰한 체세포분열을 각 시기별로 도해하고, 각 부분의 명칭을 쓰시오.

2) 양파나 자주달개비의 뿌리끝을 재료로 사용하는 이유는 무엇인가?

3) 분열하고 있는 세포와 보통 세포의 핵의 크기에서 차이를 어떻게 발견할 수 있는가?

4) 염색체는 어느 시기에서 가장 뚜렷하게 보이며, 그 이유는 무엇인가?

5) 현미경 시야에 가장 많이 나타나는 분열시기는 무엇이고, 가장 적게 나타나는 분열시기는 무엇인가? 그리고 그 의미는 무엇인가?

고 | 찰 | 및 | 소 | 감

11 해부실습의 기초

1 이 론

해부학(anatomy)은 생물학의 한 분과학문으로서 생물의 구조와 형태에 관한 학문으로 넓은 뜻의 형태학(形態學, morphology)에 속한다.

2 주의사항 및 실습기구 사용법

[1] 준비와 주의사항

실습에 앞서 실험재료인 동물, 기구 및 약제 등 필요한 재료를 사전에 준비하여야 한다. 실험동물을 취급할 때에는 다음과 같은 기본적인 주의가 필요하다.

첫째는 애정을 가지고 접할 것이며, 둘째는 동물로부터 받는 손상을 최소한으로 줄이기 위해서 그 방비책을 준비할 일이고, 셋째로는 해부실습을 실시한다고 생각했을 때에는 당황함이 없이 재빨리 시간에 맞추어 용기를 가지고 동물에 접할 자세가 중요하다.

넷째, 실험에 제공되는 접할 동물을 치사할 때에는 동물에게 고통을 주지 않는 안락사 방법을 선택하여야 한다.

다섯째, 해부실습에 사용되는 예리한 기구는 조심스럽게 취급하여 부상을 당하지 않도록 하고 해부실습에 임하는 자세는 신중하고 침착하여야 한다.

[2] 해부실습 기구 및 사용법

1) 해부도(dissection scalpel)

칼자루와 칼날이 분리되어 있는 수술 칼이 개발되어 여러 가지 모양의 칼날([그림 11.1])을 부착시켜 용도에 따라 사용할 수 있다.

칼을 잡는 방법은 [그림 11.3]과 같이 칼자루를 쥐고 절개할 때에는 연필을 쥘 때와 같으나, 손가락을 전방으로 뻗어서 [그림 11.2]와 같게 한다. 또 절개시 주위 조직에 손상을 입힐 우려가 있을 때에만 연필을 쥐듯이([그림 11.3]) 쥐는 방법도 있다. [그림 11.1]에서와 같이 3호대(칼자루)에 10호날, 4호대에 20호 칼날을 써서 조직을 절개한다.

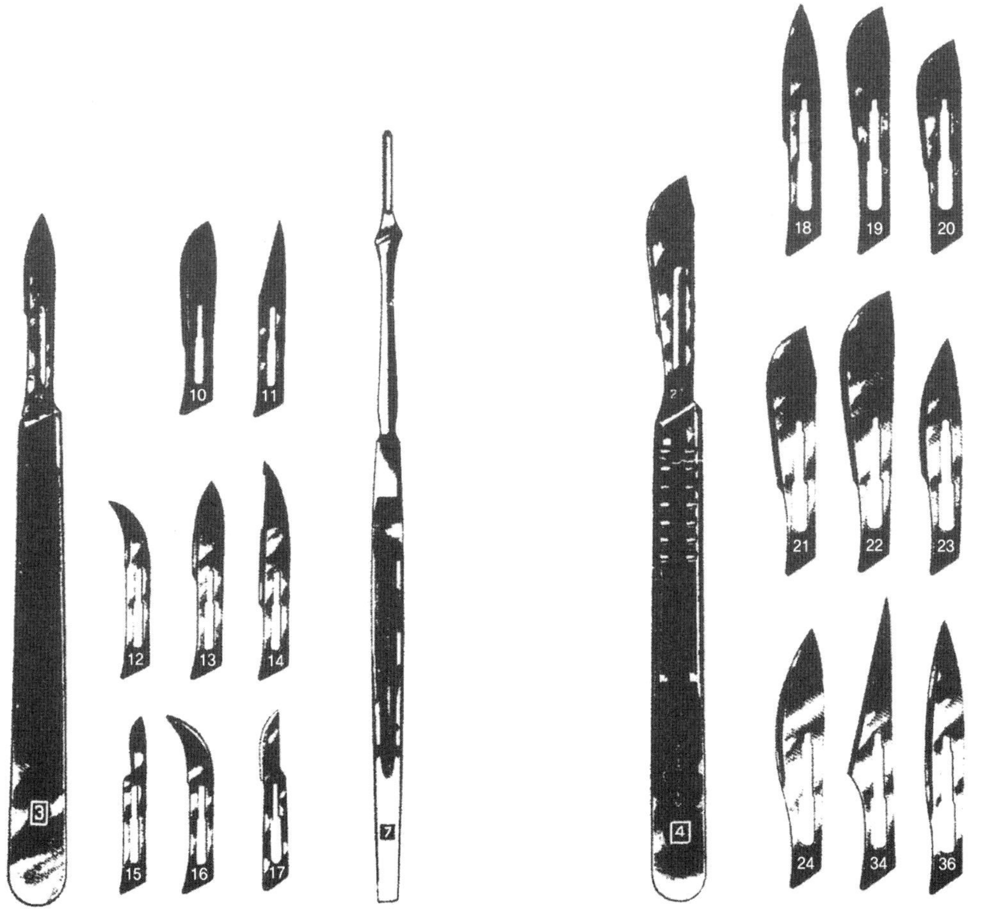

[그림 11.1] 칼자루와 칼날의 종류

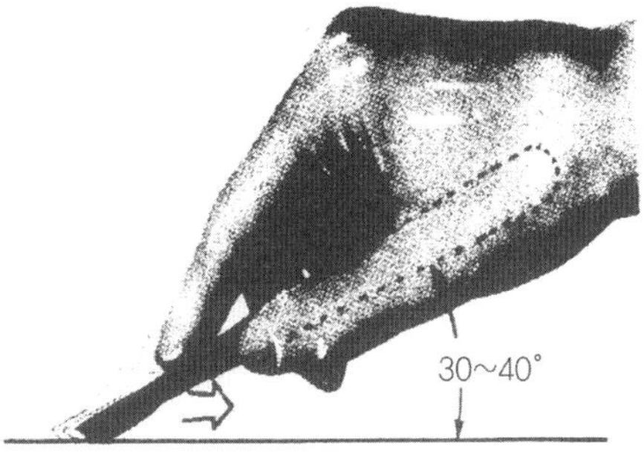

[그림 11.2] 절개할 때 칼 쥐는 방법

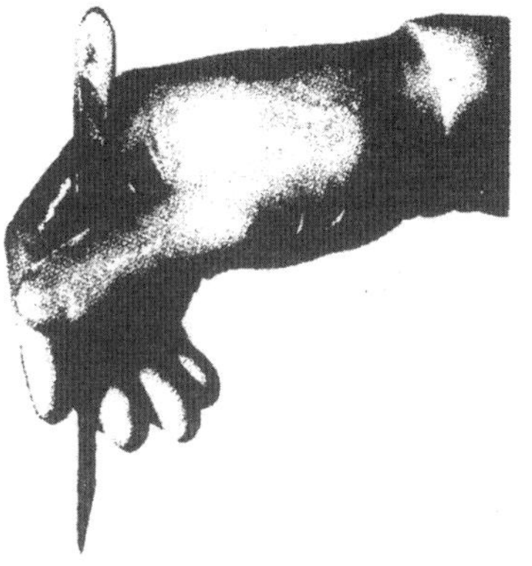

[그림 11.3] 연필을 잡는 형식으로 칼을 쥐는 방법

2) 가위(surgical scissors)

가위는 길이, 형태, 무게가 각각 다른 여러 종류가 있다. 가위는 일반적으로 선단(先端)의 형태에 따라 둔-둔(鈍-鈍, blunt-blunt), 예-예(銳-銳, sharp-sharp), 둔-예(鈍-銳, blunt-sharp)로 구분되며 또 가위 날의 선에 따라 곧은 것, 굽은 것으로 구분할 수 있는데, 해부실습용으로는 Mayo-scissors([그림 11.4])의 곧은 가위(straight scissors)와 굽은 가위(curved scissors)가 많이 사용된다.

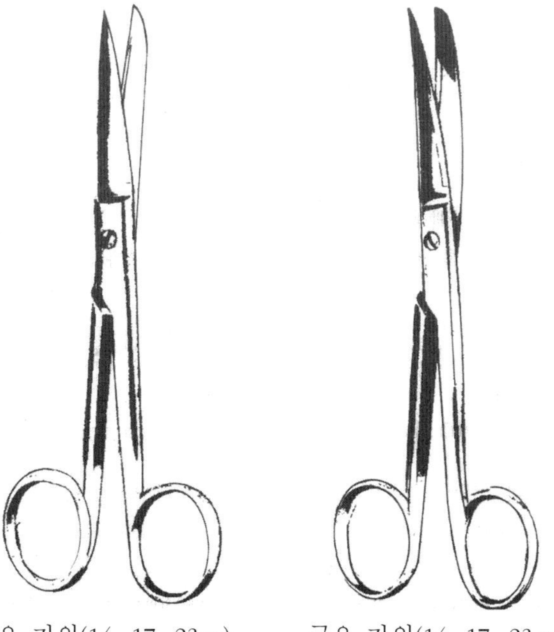

곧은 가위(14, 17, 23㎝)　　굽은 가위(14, 17, 23㎝)

[그림 11.4] 가 위

가위로 조직을 절단할 때는 두 손잡이에 힘을 고루 가하여야 한다. 오른손잡이 가위로 사용하는 것은 자연스러우나 왼손잡이가 가위를 사용하는 데 익숙해지려면 연습이 필요하다.

엄지손가락과 넷째 손가락을 가위 아래쪽에 있는 두 개의 고리에 삽입하고 둘째 손가락 끝 선단으로 가위의 자루를 보정하면서 가위질을 한다([그림 11.5, 11.6]).

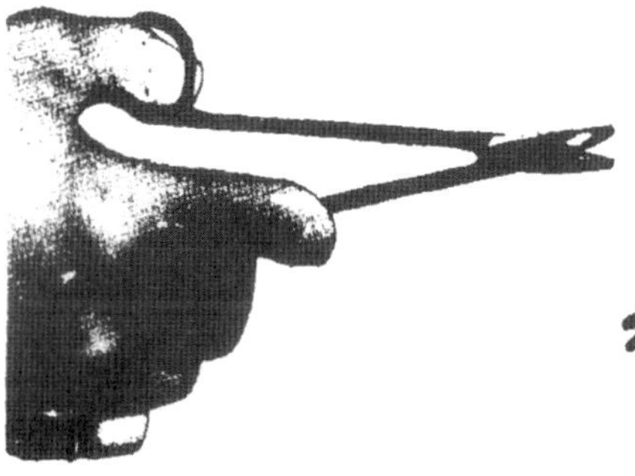

[그림 11.5] 가위를 잡는 방법

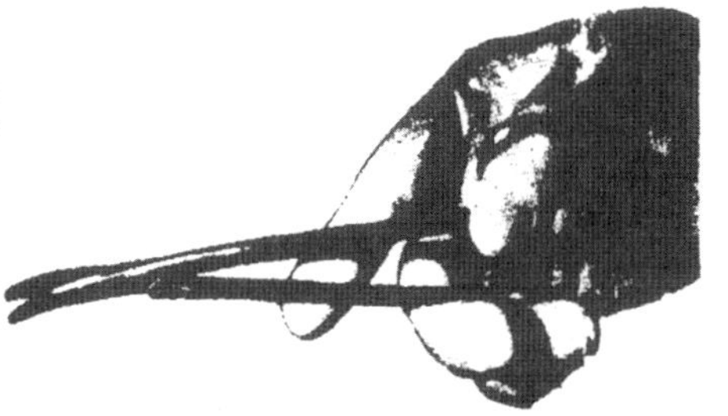

[그림 11.6] 가위의 절단 동작

[3] 핀셋(dissection and pincettes or forceps)

1) 붕대핀셋, 조직핀셋(dressing and tissue forceps)

붕대핀셋 및 조직핀셋의 끝은 물체를 잡는 면이 평탄한 것도 있고, 톱니(치, 齒)가 달려 있는 것도 있다([그림 11.7, 11.8]).

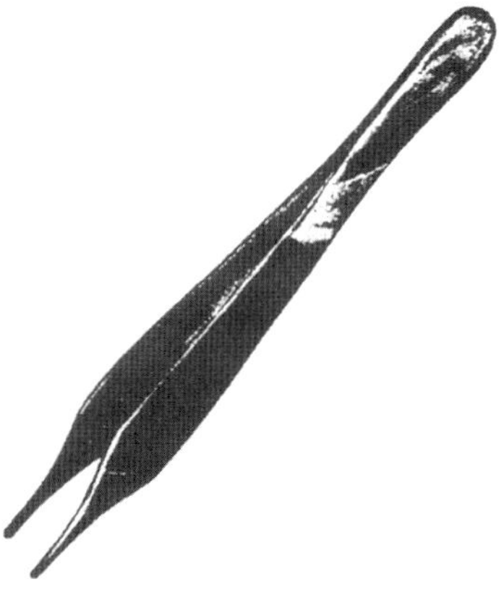

[그림 11.7] 에월드 조직핀셋 (Ewald tissue forceps)

[그림 11.8] 브라운-애드손 조직핀셋 (Brown Adson tissue forceps)

2) 지혈핀셋(hemostats or hemostatic forceps)

3) 해부핀셋(dissecting forceps)

4) 골절단핀셋(bone cutting forceps)

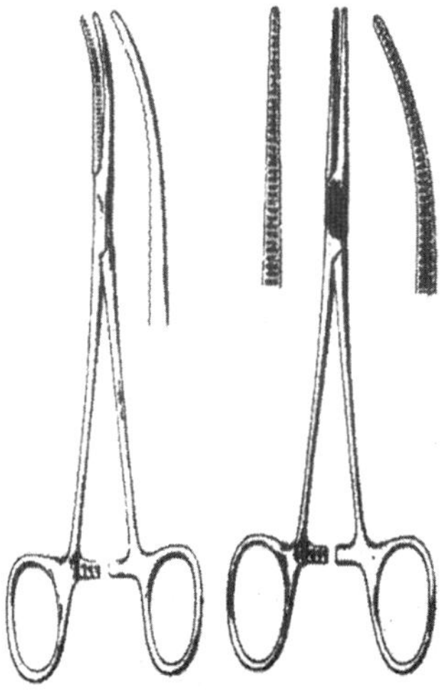

[그림 11.9] 지혈핀셋

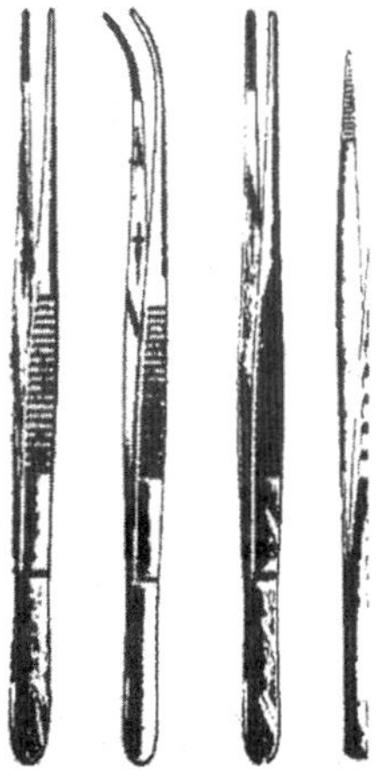

[그림 11.10] 해부핀셋

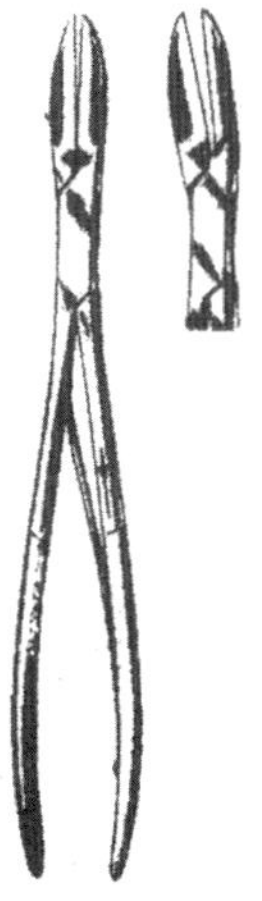

[그림 11.11] 골절단핀셋

3 실험동물의 마취와 방부처리

[1] 마취제

전신마취에 사용되는 약제에는 비흡인마취제(non-inhalation anesthetics)와 흡인마취제가 있다. 비흡인마취제(주사용 마취제)로는 클로랄하이드레이트(chloral hydrate), 펜토바비탈소디움(pentobarbital sodium), 치오펜탈소디움(thiopental sodium) 등이 있으며, 흡인마취제로는 에테르(ether), 클로로포름(chloroform) 등이 있다.

[그림 11.12] 마취제와 마취용기(쥐)

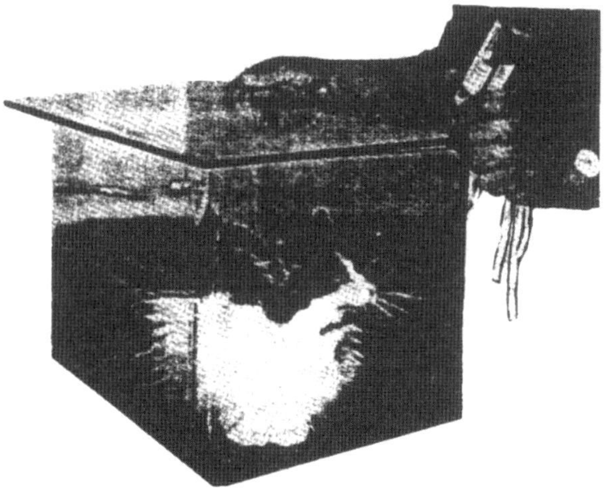

[그림 11.13] 마취제와 마취용기(고양이, 토끼)

[2] 방부제

토끼나 고양이 등을 오랫동안 실습하고자 할 때는 방부처리를 해두면 편리하다. 방부액으로는 다가알코올(isoprophyl alcohol) 50%, 글리세린(glycerine) 10%, 석탄산(phenol) 5%, 포르말린(formalin) 5%, 물 30%의 비율 또는 포르말린 8%와 석탄산 3%, 물 89%의 비율로 혼합하여 용약을 사용한다.

[3] 마취법과 방부처리

1) 마 취

여러 약제와 방법이 있으나 쥐, 토끼, 고양이, 닭 등의 마취에는 모두 에테르 흡입 마취가 편리하다. 쥐는 [그림 11.12]와 같은 표본병을, 토끼와 고양이는 [그림 11.13]과 같은 용기로, 닭은 주둥이가 좁은 병으로 닭의 머리가 들어갈 만한 용기면 된다. 탈지면이나 가제(guaze)에 에테르를 묻혀 용기 속에 넣고, 마취용기에 실험동물을 넣어서 밀봉하여 두면 마취가 되어 전신의 힘이 빠져 쓰러지며 무저항 상태로 된다. 이때가 심마취기인데 목적에 따라 안락사시켜 실험에 사용할 수도 있다.

비흡입마취법에는 마취제를 정맥 내에 주사기로 주입하거나 근육, 피하, 복강에 주입하는 방법이 있다.

2) 방부처리

하루 정도 절식시키고 물만 주어 될 수 있는 대로 장(intestine) 내용물을 배설시킨 후, 왼쪽 총목동맥(left common carotid a.)을 노출시킨 다음 마취시켜, 배관을 꽂고 방혈시켜 심장의 박동이 멎으면 방부액을 체중의 1/4 정도 주입시킨다. 이렇게 처리가 끝나면 비닐 주머니에 넣어 밀봉하여 하루 정도 방치하였다가 필요에 따라 수시 실습에 이용할 수 있다. 또 동맥이나 정맥을 실습하고자 할 때는 레이텍스(latex)와 물을 1 : 1로 혼합하고 여기에 색소를 첨가(착색)시켜 동맥 또는 정맥에 주입해 두면 맥관실습에 편리하다.

실험보고서

조번호:	이름:
학번:	학과:
실험일자:	제출일자:

1) 해부실습에서 주의할 점은 무엇인가?

고찰 및 소감

12 척추동물의 구조 I
(붕어의 내·외부 관찰)

1 목 적

여러 동물들의 비교되는 구조를 이해하고 환경과 관련된 동물들의 몸의 구조를 알아 본다.

2 시약 및 재료

- 척추동물류(붕어)
- 마취약
- 해부세트
- 해부접시

3 실험방법

[1] 척추동물

1) 척추동물의 비교 관찰

척추동물은 척색동물(脊索動物; Chordata)에 속하며, ① 척색(脊索; notochord), ② 등쪽신경강계(背神經腔系; dorsal hollow nerve system), ③ 인두열(咽頭裂; gill slit, pharyngeal slit) 세 가지는 일생의 어느 단계에서 한 번은 가지며, 이 외에 ④ 척추(脊

椎; vertabra)를 갖는 동물로 특징지어진다. 척추동물은 모든 동물문 중에서 가장 진화한 것으로, 몸은 좌우대칭이고 보통 머리(head), 몸통(trunk), 꼬리(tail)의 3부분으로 구분되며, 어떤 것은 목(neck)을 가진다. 배(胚; embryo) 시기에 척색(脊索; notochord)이 생기고, 나중에 그 주위에 많은 척추골(脊椎骨; notochord)이 생겨 몸의 중축을 이룬다. 척추의 앞 끝에 두개골이 만들어져 뇌를 보호하며 아가미를 지지한다. 아가미는 소화관 앞 끝 부분에 있는데, 양서류 이상의 동물 성체에서는 소실되고, 그 대신 인두(咽頭)의 뒤쪽에 허파가 생긴다. 몸통은 내골격(internal skeleton)의 부속지를 가지는데, 어류에서는 지느러미가 있으나 양서류 이상에서는 4개의 발이 발달한다. 중추신경계는 소화기관 등쪽에 있으며, 뇌와 척수에서는 각각 뇌신경과 척수신경이 나와 있고 감각기관이 발달되어 있다.

소화기관은 넓은 체강 속에 있으며, 부속기관으로서 간, 이자 등이 있다. 순환계는 폐쇄혈관계(閉鎖血管系)이며, 심장은 위심강에 들어 있고 동맥, 정맥, 모세혈관을 갖추고 있다. 생식기관과 배설기관은 필요생식기로서 발생상으로서나 기능상으로 긴밀한 관계를 이루며 신장은 전장, 중장, 후장으로 분화되었다. 척추동물은 양막(羊膜; amnion)의 유무에 따라서 무양막아문(無羊膜亞門; Anamniota)과 양막아문(羊膜亞門; Amniota)으로 나누고 전자에는 원구류, 어류, 양서류의 3강이 속하고, 후자에는 파충류, 조류, 포유류의 3강이 속한다.

① 원구강(圓口綱; Cyclostomata) : 가장 하등한 척추동물로서 어류와 비슷하지만 두골이 불완전하고 비늘, 털, 가슴지느러미와 배지느러미가 없다. 아가미는 주머니 모양이며, 7쌍 또는 그 이상의 아가미 틈으로 외계와 통하고 있다. 콧구멍이 하나뿐이며 척색을 일생 동안 지니고 있다. 예를 들면 먹장어(Epiatretus), 칠성장어(Entosphenus) 등이 이에 속한다.

② 어강(漁綱; Pisces) : 몸은 반추형이고 쌍을 이룬 가슴지느러미, 배지느러미와 등지느러미, 뒷지느러미, 꼬리지느러미가 각각 1개씩 있다. 몸의 표면은 진피성의 비늘로 싸여 있으며, 내골격은 경골성인 것과 연골성인 것이 있다. 연골어류(軟骨魚類; Chondrichthyes)로는 별상어(Cynias), 괭이상어(Heterodonuts), 노랑가오리(Dasyatis), 홍어(Raja) 등이 있다. 경골어류(硬骨魚類; Osteichthyes)로는 철갑상어(Acipenser), 잉어(Cyprinus), 대구(Gadus) 등이 있다.

③ 양서강(兩棲綱; Amphibia) : 비늘이 없고 아가미 또는 허파로 호흡한다. 일생 동안 두 가지 호흡을 같이 하는 것, 유생은 아가미로 호흡하고 성체는 허파로 호흡하는

것, 또한 피부호흡으로 부족량을 보충하는 것이 있다. 심장은 2심방 1심실이며 발생 도중에 변태(變態; metamorphosis)하는 것이 많다. 그 예로서 도롱뇽(Hynobius), 두꺼비(Bufo), 참개구리(Rana) 등이 있다.

④ 파충강(爬蟲綱; Reptilia) : 육상생활에 적응되어 있고 비늘이나 골갑이 있다. 심장은 2심방 1심실인데 심실은 불완전한 2심실의 형태를 지닌다. 신장은 후신이다. 살모사(Agkistrodon), 자라(Amida), 악어(Crocodilus) 등이 이에 속한다.

⑤ 조강(鳥綱; Aves) : 몸은 깃털로 덮여 있고 앞다리는 날개로 변형되었다. 항온동물이며 심장은 2심방 2심실이다. 닭(Gallus), 비둘기(Columba) 등이 그 예이다.

⑥ 포유강(哺乳綱; Mammalia) : 피부에 털이 나 있고, 유선(乳腺)을 가지며, 두개골과 장골(臟骨)이 합쳐져 두골을 형성한다. 대뇌가 특히 발달하였으며 심장은 2심방 2심실이다. 오리너구리(Platypus), 캥거루(Macropus), 영장류(Primates) 등이 이에 속한다.

[2] 붕어의 관찰

붕어(Carassius auratus)는 우리나라 각지에서 볼 수 있는 담수성 경골어류로서 못이나 늪에서 쉽게 구할 수 있다. 가능하면 살아 있는 것을 구하여, 일단 물 속에서 헤엄치는 것 등의 행동조사를 한 다음 해부하면 이해가 쉽다. 해부 재료는 신선한 것이 좋으나 근육이나 신경계의 관찰은 2~3일간 포르말린에 고정시켰다가 보는 것이 좋다. 특히 신경 관찰은 뼈를 연하게 하기 위하여 10% 질산이나 묽은 염산에 하루쯤 담갔다가 물로 씻어서 사용하면 좋다. 골격 관찰을 하기 위해서는 70~80℃의 물에 끓여서 대부분의 근육을 제거한 다음, 수산화칼륨을 약간 넣어 다시 끓여 맑은 물에 씻으면 깨끗한 표본이 된다.

1) 외부형태

몸은 유선형 모양이며 머리, 몸통, 꼬리의 세 부분으로 구별된다.

머리는 아가미의 뒷가장자리부터 앞쪽 부분이며, 눈에서부터 앞부분을 주둥이(吻; rostrum)라 한다. 눈은 원형이며 엷은 각막(角膜; cornea)으로 덮여 있다. 노란색의 홍채(虹彩; iris) 속에 흑색의 동공(瞳孔; pupil)이 있다. 눈 바로 앞에는 한 쌍의 외비공(外鼻孔; external naris)이 있는데, 이것은 본래 1개의 구멍이 유연한 피부의 막으로 앞뒤를 갈라놓은 것이다. 속에서 다시 합쳐져 비강(鼻腔; nasal cavity)과 통한다. 아가미 뚜껑(鰓蓋; operculum)의 뒷언저리에 큰 홈이 파여져 있는데 이것을 새열(鰓裂; opercular slit)이라 하며, 아가미 뚜껑 속에는 빗 모양의 아가미가 4쌍씩 들어 있다. 머리 앞 끝에 있는 입은 상당히 크며, 위・아래턱을 갖추고 있다.

몸통과 꼬리의 앞부분은 비늘로 싸여 있는데, 각 비늘의 대부분을 차지하는 단단한 부분은 생장하는 부분으로 진피(眞皮; dermis)가 변한 것이고, 노출된 가장자리 부분은 점액선(粘液腺)과 색소포(色素胞)가 있고 부드러운 표피로 되어 있다. 몸통 양쪽 중간에는 체축(體軸)을 따라 한 줄의 측선(側線; lateral line)이 있는데, 이것은 비늘의 가운데에 뚫린 구멍이 배열된 것이다. 이 구멍은 측선관(側線管)에 비스듬히 연결되어 있는데 머리 부분의 눈 주위나 아가미 뚜껑 둘레에서도 볼 수 있다. 몸통에는 부속지로서 지느러미가 있다. 가슴지느러미(pectoral fin)와 배지느러미(abdominal fin)는 좌우

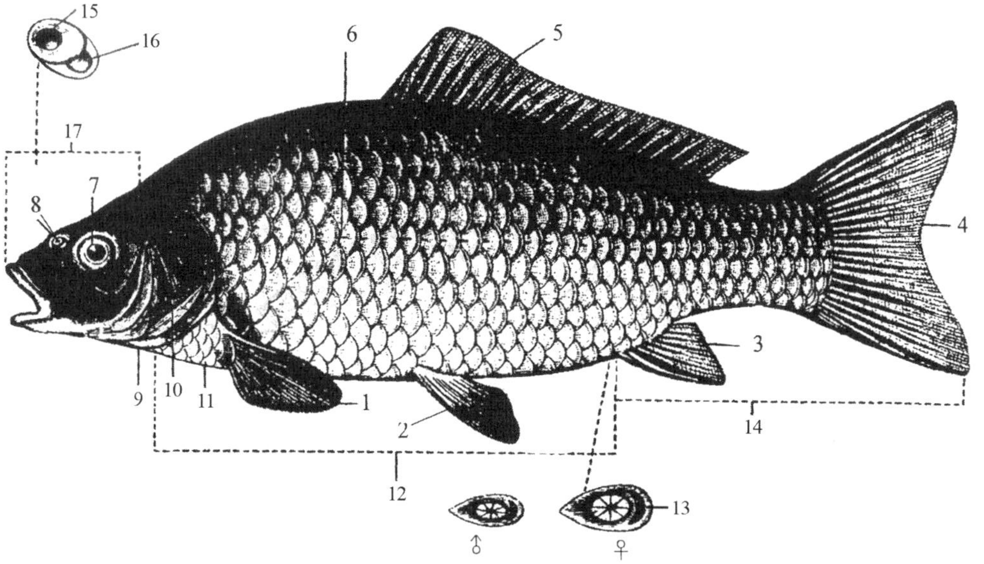

1. 가슴지느러미(鰭鰭) : Pectoral fin
2. 배지느러미(腹鰭) : Abdominal fin
3. 뒷지느러미(臀鰭) : Anal fin
4. 꼬리지느러미(尾鰭) : Caudal fin
5. 등지느러미(背鰭) : Dorsal fin
6. 옆줄(側線) : Lateral line
7. 눈(眼) : Eye
8. 콧구멍(鼻孔) : Nostril(nasal pore)
9. 목(喉) : Throat
10. 아가미뚜껑(鰓蓋) : Operculum
11. 가슴(胸) : Breast
12. 몸통(胴部) : Trunk
13. 비뇨기생식구멍(尿生殖孔) : Urogenital pore
14. 꼬리(尾部) : Tail
15. 앞콧구멍(前鼻孔) : Anterior nostril(naris)
16. 뒤콧구멍(後鼻孔) : Posterior nostril
17. 머리 : Head

[그림 12.1] 붕어의 외부구조

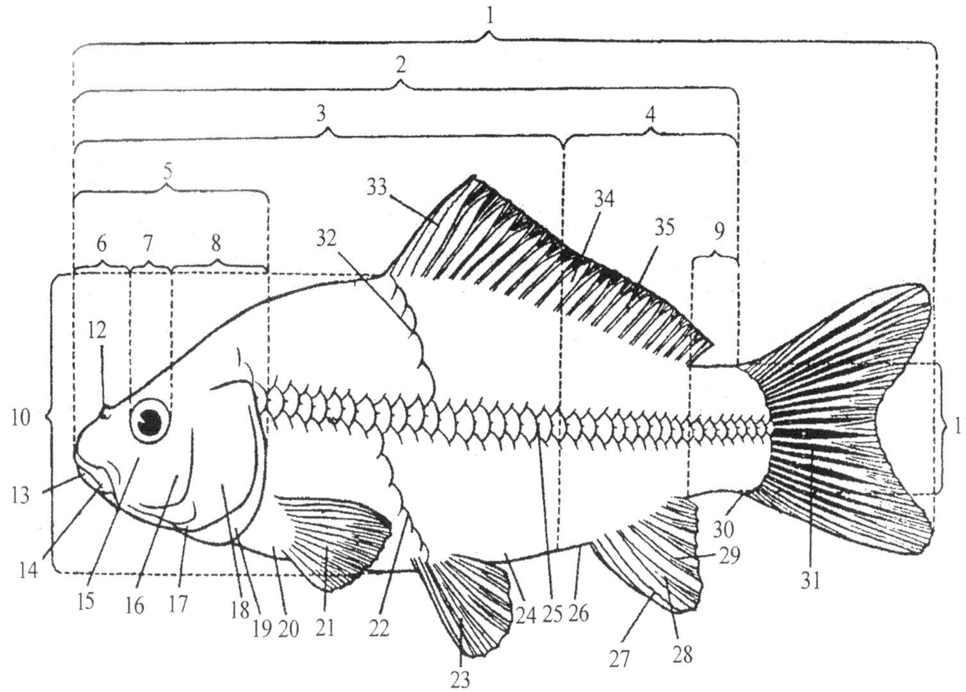

1. 전체길이(全長) : Total length
2. 몸길이(體長) : Standard length
3. 몸통부분(軀幹部) : Trunk part
4. 꼬리부분(尾部) : Tail part
5. 머리부분(頭部) : Head part
6. 주둥이(吻) : Snout
7. 눈의 지름(眼徑) : Eye dianeter
8. 눈의 뒷부분(眼後部) : Posterior eye part
9. 꼬리자루(尾柄) : Caudal peduncle
10. 몸높이(體高) : Body depth
11. 꼬리자루 높이(尾柄高) : Depth of caudal peduncle
12. 콧구멍(鼻孔) : Nostril
13. 아래턱(下顎) : Mandibule
14. 위턱(上顎) : Maxilla
15. 눈아래부분(眼下部) : Interior orbitic part
16. 뺨(頰) : Cheek
17. 아가미줄기(鰓條) : Branchial rake
18. 아가미뚜껑(鰓蓋) : Operculum
19. 아래아가미뚜껑(下鰓蓋) : Subopercle
20. 가슴부분(胸部) : Pectoral part
21. 가슴지느러미(胸鰭) : Pectoral fin
22. 가로줄비늘(배쪽, 橫列鱗): Scale of transverse line
23. 배지느러미(腹鰭) : Abdominal fin
24. 배부분(腹部) : Abdominal part
25. 옆줄비늘(側線鱗) : Scale of lateral line
26. 항문(肛門) : Anus
27. 뒷지느러미가시(臀鰭棘) : Anal fin spine
28. 뒷지느러미(臀鰭) : Anal fin
29. 뒷지느러미줄기(臀鰭條) : Anal fin ray
30. 꼬리지느러미(尾鰭) : Caudal fin
31. 꼬리지느러미줄기(尾鰭條) : Caudal fin ray
32. 가로줄비늘(등쪽, 橫列鱗): Scale of transverse line
33. 등지느러미가시(背鰭棘) : Spine of dorsal fin
34. 등지느러미(背鰭) : Dorsal fin
35. 등지느러미줄기(背鰭條) : Dorsal fin ray

[그림 12.2] 붕어의 외형과 체위

1쌍씩 있으나 등지느러미(dorsal fin), 뒷지느러미(anal fin) 및 꼬리지느러미(caudal fin)는 한 개씩 있다. 각 지느러미에는 일정한 수의 지느러미줄기(鰭條; fin ray)가 있고 이것이 지느러미를 지지하고 있다. 이에는 마디가 없이 단단하고 뾰족한 가시줄기(棘條; spinous ray)와 마디가 있고 부드러운 물렁줄기(軟條; soft ray)의 두 가지가 있다.

2) 내부형태

붕어의 내장 관찰은 머리 부분을 제외하고 등지느러미를 따라 해부칼로 몸의 반쪽만 베어내어 내장의 한쪽 면을 노출시킨다. 이때 담낭이나 형관을 관찰하려면 내장을 우측에서 볼 수 있게 하는 것이 편리하다.

몸의 등쪽에 중간이 잘룩한 흰색 주머니가 있는데 이를 부레(air bladder)라고 하며, 아교질로서 몸의 부침(浮沈) 또는 평형을 유지하는 역할을 한다.

소화기는 입의 안쪽에 있는 목구멍을 거쳐 식도를 지나 위에 연결된다. 위가 시작된 부위의 우측에 연결된 굵은 관은 쓸개관(bile duct)이다. 창자는 위의 뒷부분에서 시작하여 복강(腹腔) 속을 꾸불꾸불 돌아 총배설강(總排泄腔; cloaca)에 연결되어 항문으로 끝난다. 창자 사이에는 적갈색의 여러 엽(葉; lobus)으로 되어 있는 간(肝)이 있으며, 간에 붙어 있고 내장의 오른쪽 앞 끝에 있는 암녹색의 구형인 기관이 쓸개주머니이다.

창자의 약간 앞부분에는 지라가 있는데, 이는 오래된 재료에서는 간과 비슷하게 보이지만 싱싱한 것에서는 진한 붉은색을 띠어 쉽게 구별된다.

생식기(生殖器; genital organ)에는 암컷에 난소와 수컷에 정소가 있으며, 이들은 부레와 창자 사이에 쌍을 이루고 있다. 각 생식소의 뒷부분은 가늘어져서 수정관과 수란관이 되며, 좌우의 것이 합쳐져서 총배설강으로 연결된다. 콩팥은 복강 등쪽의 부레 등면에 있으며, 좌우 1쌍의 적갈색 기관이 앞쪽에 치우쳐 있다. 이 외의 뒷부분에서는 각각 1개씩의 가는 수뇨관(輸尿管; ureter)이 나와 복강 뒤쪽에 있는 방광에서 합쳐지며, 방광에서는 가는 요도(尿道; urethra)가 나와 총배설강과 통한다.

심장은 아가미의 뒤 배쪽의 구석에 있는 위심강(圍心腔) 속에 들어 있으며, 4부분으로 되어 있다. 심장의 중앙에 있고, 담홍색의 두꺼운 벽으로 된 부분이 심실(心室; ventricle)이고, 그 앞에 있는 백색의 주머니는 동맥구(動脈球; arterial bulb)이다. 심실의 등 뒤쪽에 약간 좌측으로 엷은 막으로 된 심방(心房; auricle)이 있으며, 여기에 이어져 있는 것이 정맥두(靜脈竇; sinus venosus)이다. 동맥구의 앞쪽으로 동맥간(動脈幹;

truncus arteriosus) 또는 복대정맥(復大靜脈; aorta ventralis)이 있는데, 이것은 갈라져서 입새동맥(入鰓動脈; arterio branchialis afferens)이 되어 새궁(鰓弓; arcus branchialis)으로 들어간다. 위의 궁에서는 출새동맥(出塞動脈; arterio branchialis efferens)이 나오는데, 합쳐져서 배대동맥(背大動脈; aorta dorsalis)을 이루어 구개벽(口蓋壁) 속을 통하여 뒤로 뻗어 있다. 배대동맥은 소화관, 생식소, 간 등에 내장동맥(內臟動脈; arterio coeliaca)을 낸 후, 등뼈 밑을 통하여 뒤로 가는 도중에 신동맥(腎動脈; arterio renalis)과 장골동맥(腸骨動脈; arterio iliaca)을 내며 미동맥(尾動脈; arterio caudalis)이 되어 꼬리로 들어간다. 미동맥과 함께 여러 개의 혈관을 합쳐 앞부분으로 향하는 미정맥(尾靜脈; vena caudalis)은 체강에서 장골정맥(腸骨靜脈; vena iliaca)과 합쳐지고, 이는 좌우로 갈라져 신문맥(腎門脈; portalis renalis)이 되어 콩팥으로 들어간다.

골격계(骨格系; skeletal system)는 크게 두골(頭骨)과 척추(vertebral column)로 나누어진다. 척추는 보통 30개의 척골(脊骨; vertebra)로 되어 있고, 추골(椎骨; centrum)은 양와형(兩窩形)이다. 추체의 등쪽에는 척수관도(脊髓管道; foramen vertebralis)를 형성하는 신경궁(神經弓; arcus neural)이 있고, 신경궁 등쪽 중앙에 1쌍씩의 배돌기(背突起; processus dorsalis), 추체의 옆으로는 좌우에 측돌기(側突起; processus spinosus)가 쌍을 이루고 있다.

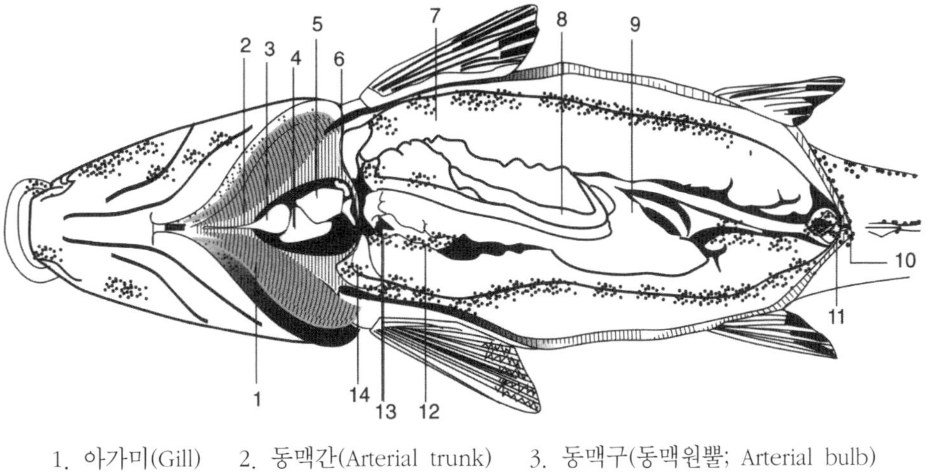

1. 아가미(Gill) 2. 동맥간(Arterial trunk) 3. 동맥구(동맥원뿔; Arterial bulb)
4. 심실(Ventricle) 5. 심방(Atrium) 6. 위심강(Pericardium) 7. 난소(Ovary)
8. 장(Intestine) 9. 간(Liver) 10. 총배설강(Cloaca) 11. 직장(Opening of rectum)
12. 담낭(Gall bladder) 13. 담관(Bile duct) 14. 신장(Kidney)

[그림 12.3] 붕어의 내부형태(복면)

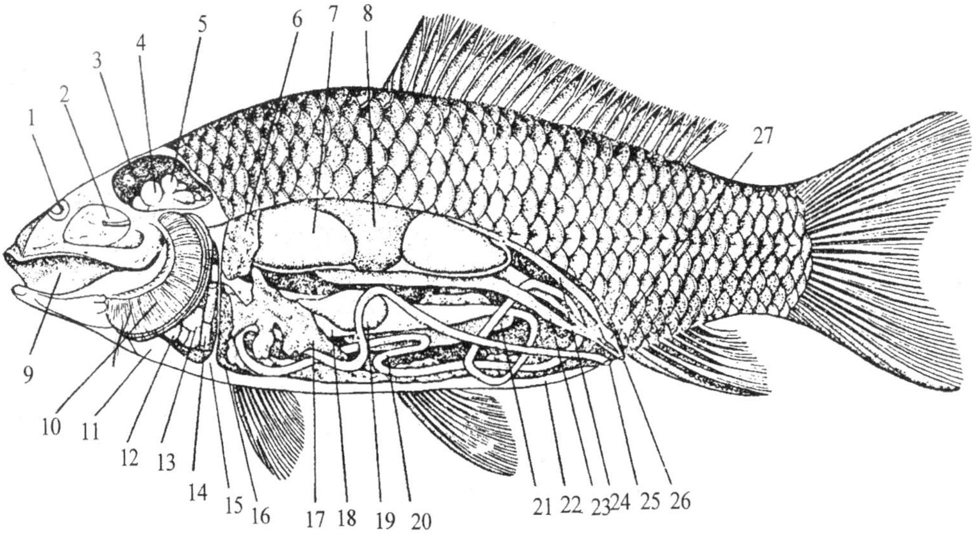

1. 후각수용기(嗅覺受容器) : Olfactory receptor
2. 시각신경(視神經) : Optic nerve
3. 뇌실(腦室) : Ventricules
4. 중뇌(中腦) : Mesencephalon
5. 소뇌(小腦) : Cerebellum
6. 간(肝) : Liver
7. 부레(鰾) : Swim bladder
8. 머리신장(頭腎) : Head kidney
9. 구강(口腔) : Oral cavity(mouth cavity)
10. 아가미(鰓) : Gill(branchia)
11. 흉벽(胸壁) : Thoracic wall
12. 동맥팽대(動脈球) : Arterial bulb
13. 심방(心房) : Atrium
14. 정맥동(靜脈洞) : Sinus venous
15. 심장복막중격 : Pericardiacoperitoneal spetum
16. 체강(體腔) : Coelom
17. 간(肝) : Liver
18. 위(胃) : Stomach
19. 담낭(쓸개주머니, 膽囊) : Gallbladder
20. 장(腸) : Intestine
21. 비장(脾臟) : Spleen
22. 배쪽벽(腹壁) : Ventral wall
23. 성샘(性腺) : Gonad
24. 요관(尿管) : Ureter
25. 항문(肛門) : Anus
26. 배설구멍(排泄孔) : Excretory pore
27. 방광(膀胱) : Urinary bladder

[그림 12.4] 붕어의 내부구조

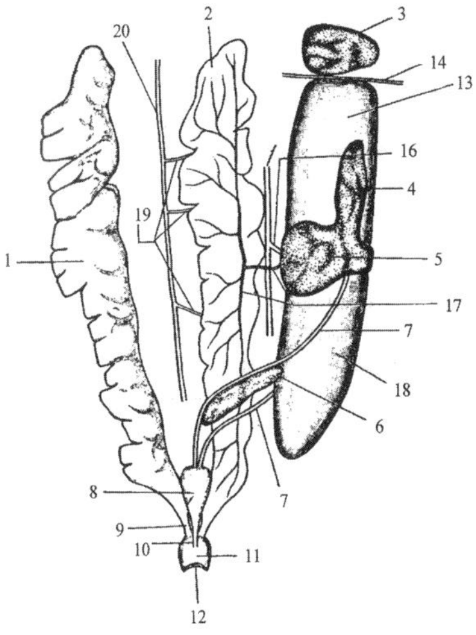

[그림 12.5] 붕어 수컷의 비뇨생식기관

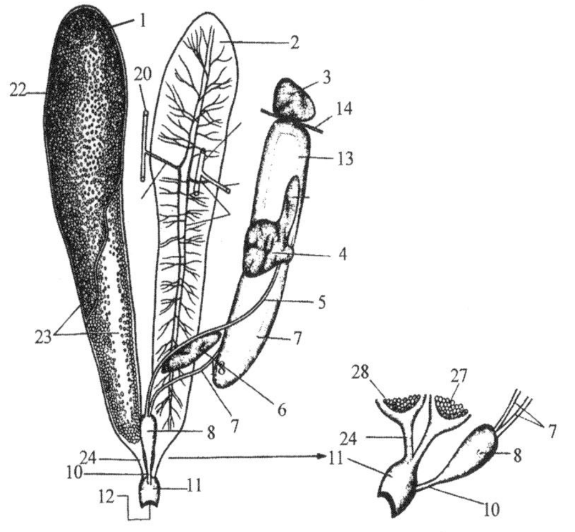

[그림 12.6] 붕어 암컷의 비뇨생식기관

1. 왼쪽 고환(左側睾丸) : Left testis(exterior testis)
2. 오른쪽 고환(右側睾丸) : Right testis(interior testis)
3. 머리신장의 등쪽부분(頭腎의 背側部分) : Dorsal part of head kidney
4. 머리신장(頭腎) : Head kidney
5. 앞쪽 신장(腎臟의 前半部) : Anterior kidney
6. 뒤쪽 신장(腎臟의 後半部) : Posterior kidney
7. 요관(尿管) : Ureter
8. 방광(膀胱) : Urinary bladder
9. 정관(精管) : Vas deferens
10. 요도(尿道) : Urethra
11. 비뇨생식강(尿生殖腔) : Urogenital cavity
12. 비뇨생식구멍(尿生殖孔) : Urogenital pore
13. 앞쪽 부레(鰾의 前半部) : Anterior swim bladder
14. 심장복막중격(胃心腹腔膈膜) : Pericardiacoperitoneal spetum
15. 뒤쪽 기본정맥(後生靜脈) : Posterior cardinal vein
16. 신장정맥(腎靜脈) : Renal vein
17. 고환정맥(睾丸靜脈) : Testicular vein
18. 뒤쪽 부레(鰾의 後半部) : Posterior swim bladder
19. 고환동맥(睾丸動脈) : Testicular artery
20. 복강동맥(腹腔動脈) : Coeliac artery
21. 오른쪽 난소내면(右側卵巢內面) : Right ovary(interior ovary)
22. 왼쪽 난소외면(左側卵巢內面) : Left ovary(exterior ovary)
23. 난소벽(卵巢壁) : Ovarian wall
24. 난관(卵管) : Uterine tube, oviduct
25. 난소동맥(卵巢動脈) : Ovarian artery
26. 난소정맥(卵巢靜脈) : Ovarian vein
27. 난자세포(卵細子) : Ovum
28. 난소(卵巢) : Ovary

이 외에 흉대(胸帶; pectoral girdle), 기골(鰭骨; pterygium), 요대(腰帶; pelvic girdle), 새개골(鰓蓋骨; os operculare), 장골(臟骨; visceral skeleton) 및 두개골(頭蓋骨; os cranii)이 있다. 이들 대부분의 뼈는 작고 다루기 힘들기 때문에 여기서는 내장을 관찰하여 볼 수 있는 척추에 관해서만 관찰하기로 한다.

실험보고서

조번호:	이름:
학번:	학과:
실험일자:	제출일자:

1) 외부형태와 내부형태를 스케치한 후, 명칭을 표기해 보자.

〈외부관찰〉

〈내부관찰〉

〈외부관찰〉

1) 옆줄(측선)을 이루는 비늘의 수는 몇 개인가?

2) 옆줄(측선) 위쪽의 세로인 비늘의 수는 몇 개인가?

3) 옆줄(측선) 아래쪽의 세로인 비늘의 수는 몇 개인가?

4) 옆줄 비늘의 구조를 설명하시오.

5) 콧구멍(외비공)은 몇 개인가?

6) 쌍 지느러미와 한 개로만 된 지느러미는 어떤 것인가?

7) 머리, 몸통, 꼬리의 부분은 어떻게 구분하는가?

〈내부관찰〉

1) 해부할 때 주의점은 무엇인가?

2) 부레의 생태학적 특징과 기능은 무엇인가?(스케치를 한 후 설명하시오.)

3) 간, 신장, 담낭의 색과 형태는 어떠한가?(스케치를 한 후 설명하시오.)

4) 장은 어떻게 놓여 있으며, 길이는 얼마인가?

5) 심장은 몇 심방 몇 심실이며, 색깔은 어떠한가?(스케치를 한 후 설명하시오.)

고 | 찰 | 및 | 소 | 감

13 척추동물의 구조 Ⅱ
(메기의 내·외부 관찰)

1 목 적

경골어류인 메기의 외부형태와 내부형태를 관찰함으로써 경골어강의 특징을 익힌다.

2 이 론

[1] 어류의 특징

등뼈를 갖는 척추동물아문은 어상강(무악어강, 판피어강, 연골어강, 경골어강)과 사지상강(양서강, 파충강, 조강, 포유강)으로 나뉘는데, 판피어강은 화석동물군으로 현재는 7개의 강이 존재한다.

경골어강은 적어도 일부는 단단하게 골화된 골격을 가지는데, 대단히 다양한 그룹으로 2만이 넘는 종들이 기재되어 있으며, 수중생태계의 거의 모든 생태계적 지위를 차지하고 있다. 몸의 표면은 연골어강인 상어와는 달리 비늘로 덮여 있고, 아가미에서 이산화탄소와 산소의 가스 교환이 일어난다. 생식방법은 다양하지만 대부분이 알을 낳고 체외수정을 한다. 경골어강은 지느러미 모양과 부레의 기능에 따라 총기아강, 폐어아강, 조기아강으로 나뉜다.

[2] 메기(Silurus asotus)의 생태와 특징

메기는 강이나 냇물에서 살고 저수지와 늪에서도 산다. 물살이 느리고 바닥에 진흙이 깔린 곳을 좋아한다. 입이 아주 크고 입가에 긴 수염이 두 쌍 있다. 덩치가 크며 몸통이 둥글고 길쭉하다. 몸에 비늘이 없어 매끈하다. 온몸에 얼룩덜룩한 풀색 무늬가 있어서 바닥에 배를 깔고 납작하게 숨으면 감쪽같다. 낮에는 물풀 속이나 바위 밑에 숨어 있다가 밤에 나와서 어슬렁대며 헤엄쳐 다닌다. 긴 수염으로 이리저리 더듬어 먹이를 찾는다. 물고기, 새우, 거머리, 물벌레와 지렁이를 잡아먹고 큰 입으로 개구리를 한 입에 삼키기도 한다. 먹성이 좋아서 이것저것 가리지 않고 닥치는 대로 잡아먹는다. 입 속에는 작지만 뾰족한 이가 촘촘히 나 있다. 메기는 5~7월에 알을 낳는다. 수컷이 암컷 배를 칭칭 휘감아서 알을 낳도록 도와준다. 알은 물풀이나 자갈에 붙는다. 돌 밑이나 모래 위에서 낳는다. 어린 새끼들은 먹이가 부족하면 서로 잡아먹기도 한다. 메기는 우리나라 어디에나 흔하다. 힘이 세고 생명력이 강하다. 한여름에 날이 가물고 물이 마르면 진흙 속으로 들어가 지내기도 한다. 오래 살아서 40년을 사는 것도 있다.

알은 5~7월에 물가에 낳는다. 암컷은 누런 풀색 알을 2만~3만 개 낳는다. 알은 수온 17~24℃에서 8~10일이 지나면 깨어난다. 새끼는 3.5~4.3㎜이다. 처음에는 입수염이 3쌍인데, 3~4개월이 지나면 턱밑에 있는 1쌍이 없어진다. 새끼는 물풀이 많은 얕은 물가에 흩어져서 산다. 1년이 지나면 10~12㎝가 되고, 2년에 20~30㎝로 자란다. 3년 자라면 알을 낳는다.

몸길이는 30~50㎝이며, 몸통에 얼룩덜룩한 풀색 무늬가 있고, 배는 누렇거나 흰색이 도는 잿빛이다. 몸에 비늘이 없고 미끌미끌하다. 머리는 가로로 납작하고 몸통은 세로로 납작하다. 눈은 작고 입은 아주 크다. 아래턱이 위턱보다 길어서 입이 위를 보고 열린다. 입수염 2쌍 중에서 1쌍은 눈앞에 있으며 가늘고 길다. 다른 1쌍은 아래턱 밑에 있고 짧다. 지느러미는 가장자리가 검다. 등지느러미는 아주 작고 뒷지느러미는 길어서 끝이 꼬리지느러미까지 이어진다. 가슴지느러미 가시에는 거치가 있다. 옆줄은 몸통 가운데로 쭉 나 있다. 등지느러미 연조 4~5개, 뒷지느러미 연조 70~85개, 새파 10~12개, 척추골 60~63개이다.

3 시약 및 재료

- 메기
- 해부세트
- 해부대
- 마취제

4 실험방법

[1] 외부형태의 관찰

머리, 몸통, 꼬리의 3부분을 구분하고 지느러미와 수염을 주시하여 관찰한다.

[2] 내부 각 기관의 관찰

① 복부를 위쪽으로 하고 항문의 바로 앞을 가로로 약간 자른다.
② 복면의 정중선을 따라 양쪽 배지느러미의 중간을 거쳐 아래턱 바로 아래까지 절개한다.
③ 체벽을 벌려 복강 내에 있는 여러 장기들을 관찰한다.

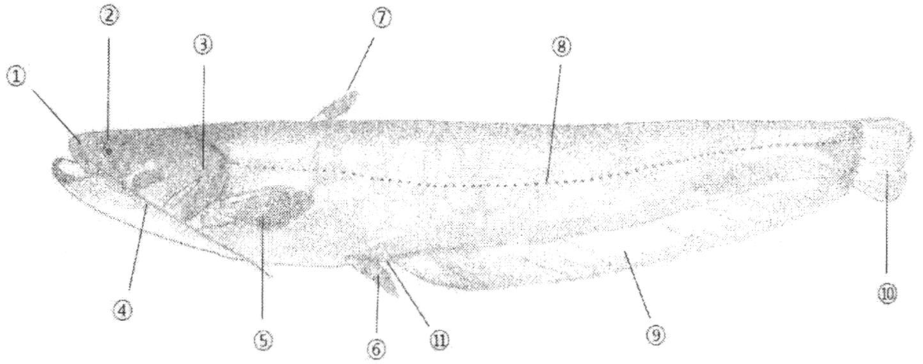

① 외비공 ② 눈 ③ 아가미뚜껑 ④ 수염 ⑤ 가슴지느러미 ⑥ 배지느러미
⑦ 등지느러미 ⑧ 측선 ⑨ 뒷지느러미 ⑩ 꼬리지느러미 ⑪ 항문

[그림 13.1] 메기의 외부형태

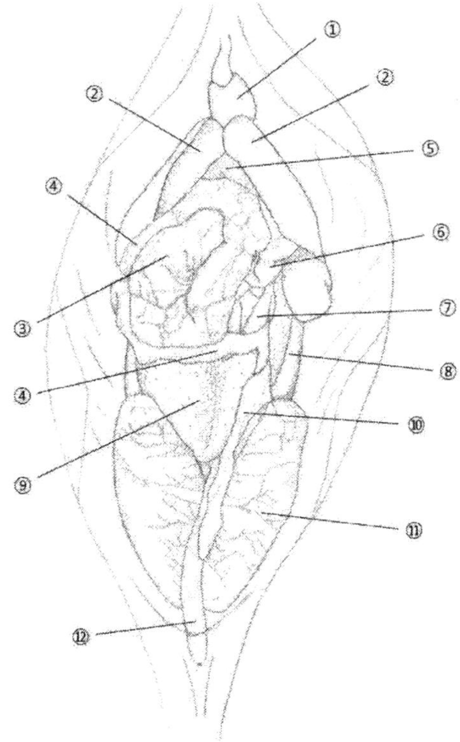

① 심장 ② 간 ③ 위 ④ 장 ⑤ 담낭 ⑥ 췌장 ⑦ 비장 ⑧ 신장
⑨ 부레 ⑩ 직장샘 ⑪ 생식소 ⑫ 총배설강

[그림 13.2] 메기의 내부구조

실험보고서

조번호:	이름:
학번:	학과:
실험일자:	제출일자:

1) 외부형태와 내부형태를 스케치를 한 후, 명칭을 표기해 보자.

〈외부관찰〉

〈내부관찰〉

〈외부관찰〉

1) 옆줄(측선)의 개수는 몇 개인가?

2) 등지느러미의 지느러미 공식을 적어 보자.

3) 수염은 몇 개인가?

4) 콧구멍(외비공)은 구멍이 몇 개인가?

5) 아가미는 몇 쌍이 있는가?

6) 쌍으로 된 지느러미와 한 개로만 된 지느러미는 각각 어떤 것들이 있는가?

7) 머리, 몸통, 꼬리 부분을 구분하는 기준은 무엇인가?

〈내부관찰〉

1) 부레의 형태학적 특징과 기능은 무엇인가?

2) 간, 콩팥, 담낭, 장의 특징은 무엇인가?(색 or 형태)

3) 심장은 몇 방, 몇 실이며, 색은 어떠한가?

고찰 및 소감

14 연체동물의 구조
(대합의 내·외부 관찰)

1 목 적

연체동물의 분류에 대해 알아보고, 대합의 외부 및 내부 구조를 알아보자.

2 시약 및 재료

- 연체동물류(대합)
- 해부접시
- 냄비
- 해부세트
- 가스버너

3 실험방법

민물산 연체동물은 비교적 유기질이 많은 하천, 강 등의 모래밭, 자갈 사이, 돌 밑 등에 많다. 연못, 논밭, 진흙이 많은 작은 강 등에서는 조개긁기로 모래진흙을 떠서 흙을 씻고 작은 패류를 채집한다. 깊은 곳에서 큰 패류를 채집할 때는 드렛지를 사용한다. 육상의 패류는 석회암 지대가 좋고, 산림지대에는 수상생활을 하는 것도 있지만, 주로 낙엽 밑에 묻혀서 군서하는 경우가 많다.

해산패류의 채집은 다른 해안동물의 채집 때와 같이 조수간만의 시간을 정확히 알고 간조시를 이용하여야 한다. 그리고 암초지대, 모래나 진흙지대 또는 자갈밭 등 장소에 따라 채집에 쓰이는 도구와 방법이 다르다. 왜문어는 모래가 섞인 조간대에서 낮에는 바다 밑의 바위 사이나 돌 밑에 있다가 밤에 나와서 새우, 게, 패류, 어류 등을 잡아먹는다.

오징어류는 보통 유영성(遊泳性)으로 떼를 지어 다닌다. 화살꼴뚜기, 흰꼴뚜기, 참오징어, 피둥어꼴뚜기 등은 중요한 수산자원으로서 망 또는 낚시로 잡는다.

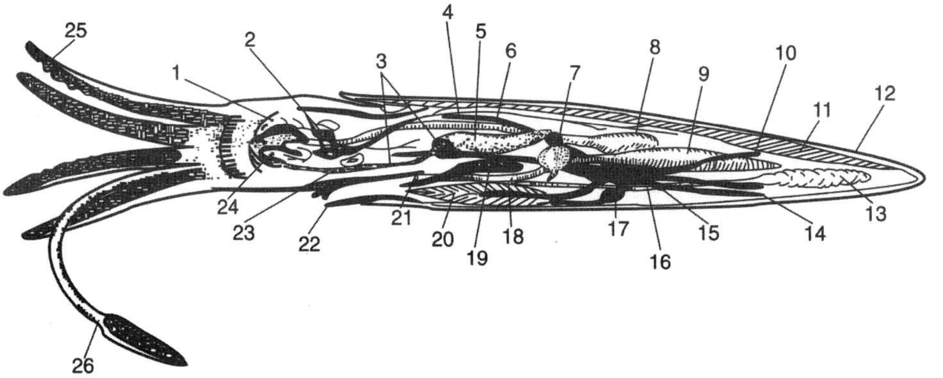

1. 이 2. 뇌 3.침샘과 관 4. 전동맥 5. 소화샘 6.식도 7. 신장 8. 위 9.맹장 10. 외투동맥 11. 촉 12. 외투 13. 생식소 14. 후부정맥 15. 심장 16. 생식관 17. 아가미심장 18. 장 19. 먹낭 20. 아가미 21. 항문 22. 흡관 23. 평형포 24. 치설 25. 팔 26. 촉완

[그림 14.1] 연체동물(오징어)의 내부구조

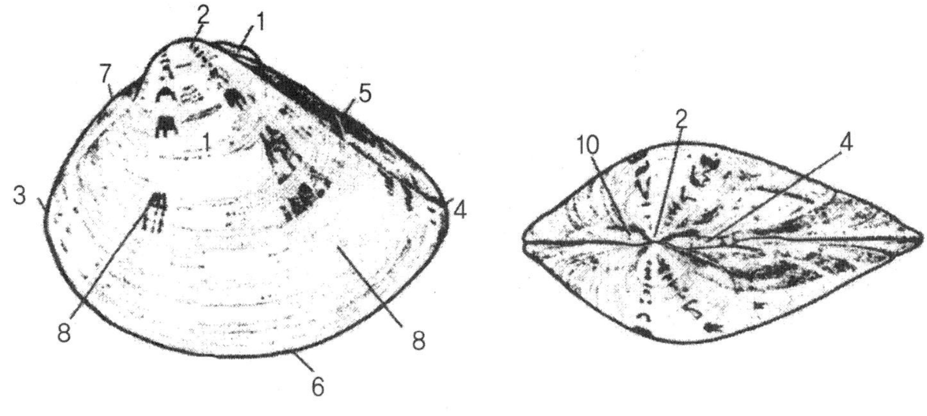

1. 인대 2. 각정 3. 전연 4. 후연 5. 후배연 6. 복연 7. 전배연 8. 생장선 9.각의 모양 10. 월면

[그림 14.2] 대합의 외형

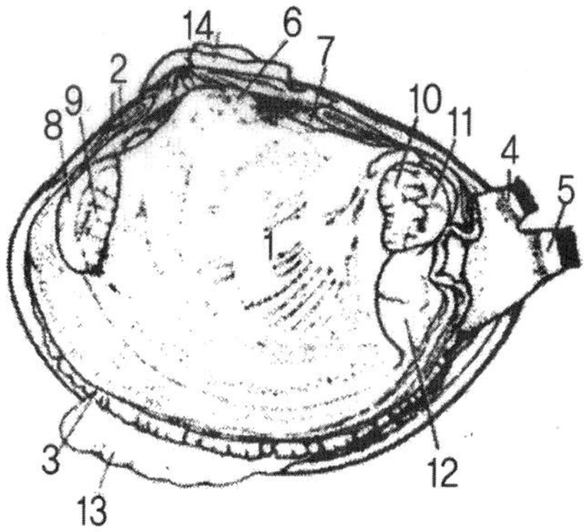

근육과 외투막

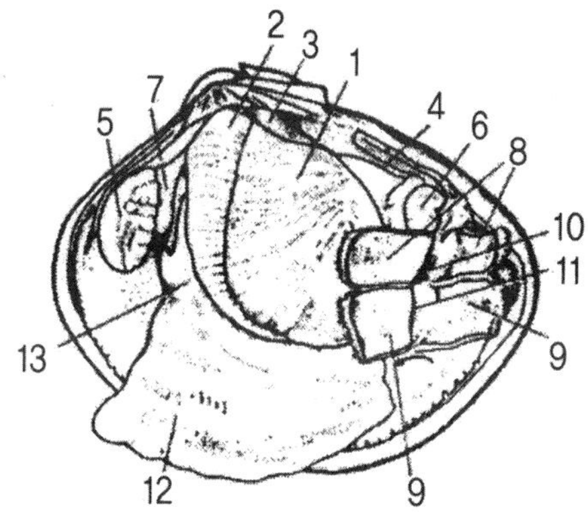

아가미와 수관

1. 외투막 2. 외투연 3. 외투연의 4. 출수관 5. 입수관 6. 게베루관 7. 위심강 8. 전폐각근의 평활근부 9. 전폐각근의 횡문근 10. 후폐각근의 횡문근 11. 평활근 12. 수관근 13. 발(족) 14. 교면엽

1. 외새 2. 내새 3. 게베루기관 4. 위심강 5. 전폐각근 6. 후폐각근 7. 순판 8. 출수관 9. 입수관 10. 출수관 11. 입수관 12. 발(족) 13. 내장낭

[그림 14.3] 대합의 내부구조

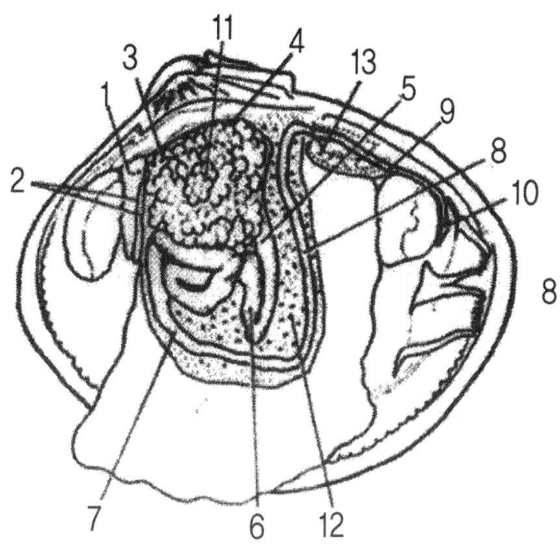

1. 입 2. 순판 3. 식도 4. 위 5. 맹관장 6. 중장 7. 후장 8. 결장 9. 직장 10. 항문 11. 간

[그림 14.4] 대합의 소화기관계

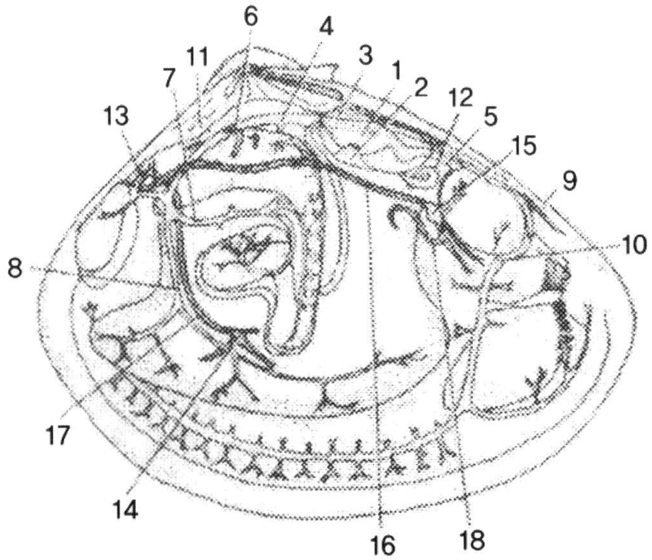

1. 심실 2. 심방 3. 위심강 4. 앞대정맥 5. 뒷동맥 6. 내장동맥 7. 족동맥 8. 뒷외투연동맥 9. 뒷외투동맥 10. 전치 11. 보야누기관 12. 뇌신경절 13. 족신경절 14. 내장신경절 15. 뇌내장종연합 16. 옆족종연합 17. 새신경

[그림 14.5] 대합의 혈관계와 신경계

패류의 액침표본을 만들려면 25% 알코올에 고정하여 1~2일간 두었다가 50% 알코올에 넣고 며칠 후 70~80% 알코올에 넣어 보존한다. 건조표본을 만들 때는 약간 끓는 물에 넣어 껍질을 벗겨 건조시킨다. 고동 종류는 껍질과 함께 보관하며 표본병 밑에는 솜을 깔아 두는 것이 좋다. 오징어류는 5% 포르말린에 고정한 다음 1~2일 뒤에 70% 알코올에 옮겨 보존한다. 포르말린 속에 보존할 때는 2~3%의 묽은 용액이 좋다.

실험보고서

조번호:	이름:
학번:	학과:
실험일자:	제출일자:

1) 외부 형태와 내부 형태를 스케치한 후, 명칭을 표기해 보자.

〈외부관찰〉

〈내부관찰〉

1) 입수관과 출수관의 크기를 비교하고, 기능을 설명해 보자.

2) 인대와 폐각근의 위치와 기능을 설명해 보자.

3) 아가미는 어디에 위치하며, 몇 장으로 되어 있는가?

4) 내장낭 속에는 어떠한 기관들이 들어 있는가?

고찰 및 소감

15 절지동물의 관찰 (메뚜기, 거미)

1 목 적

곤충이 속하는 절지동물문은 동물 중 80% 이상, 그 중 곤충은 95% 이상을 차지하며, 해양 수중이나 해저부를 제외한 모든 지역에서 서식하고 있다. 이 중 절지동물인 메뚜기와 거미의 외형을 형태학적으로 비교해 본다.

2 이 론

◎ 곤충 구조의 특징(곤충이 번성할 수 있었던 이유)

① 외골격 동물 : 딱딱한 피부를 가진 곤충은 주변환경의 위험으로부터 내장기관을 보호할 수 있다. 곤충들의 딱딱한 피부는 '키틴'이라는 물질로 이루어져 있어서 질기지만 가볍고 물에 잘 녹지 않는다.

② 날개 : 날개를 가진 동물은 새로운 환경에서 빠른 속도로 적응할 수 있고, 외부의 적이나 불리한 환경으로부터 도망을 갈 수 있는 장점을 갖는다.

③ 작은 체구 : 체구가 작은 것은 장점과 단점이 있다. 장점은 체구가 작은 만큼 적은 양의 먹이만 먹어도 살 수 있고, 좁은 면적에서도 살아 갈 수 있다. 그래서 다른 동물들이 잡아먹으려고 해도 좁은 곳으로 숨어 버리면 찾기 힘들다. 단점은 작은 곤충일수록 열의 방산이 빠르고 표면적이 크므로 수분 손실량도 크다.

④ 머리, 가슴, 배로 구분 : 곤충은 머리, 가슴, 배의 세 부분으로 나누어져 있다. 머리에는 더듬이, 홑눈, 겹눈 등이 있고 가슴에는 두 쌍의 날개와 세 쌍의 다리가 있다.

1) 곤충의 일반 체형과 각 부위 이름

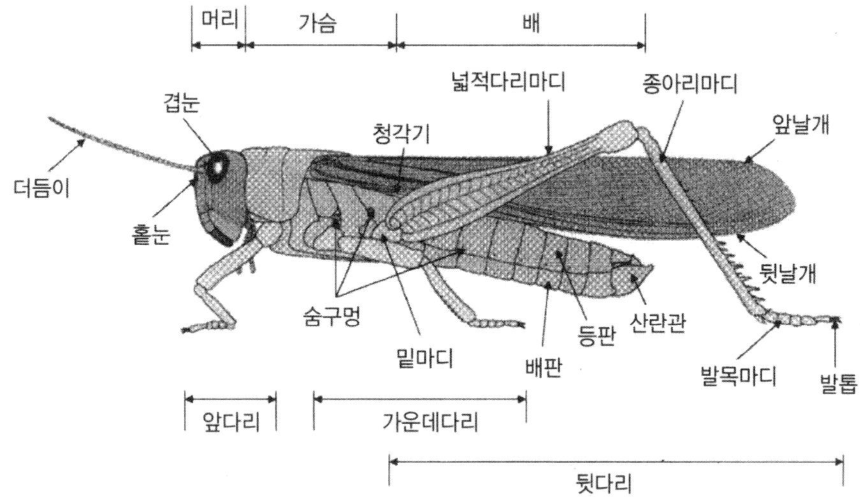

[그림 15.1] 곤충의 일반 체형과 각 부위 이름

2) 입 부분(Mouth part)

곤충의 입 부분은 음식물의 종류나 음식물 먹는 방법에 따라 여러 가지 형태로 변형되어 있다. 크게 씹는 입과 빠는 입으로 나눌 수 있으며 퇴화되어 앞부분이 없는 곤충도 있다.

① 저작형(chewing type) : 각 부속지가 고루 발달한 형태. 특히 큰턱이 크고 강하게 발달하여 섭취물을 작게 자른다(예: 메뚜기).

② 여과형(filtering type) : 물속에서 서식. 미생물과 유기물을 여과하기에 용이하도록 부챗살 모양이다(예: 검정파리유충, 기타 수서생활하는 유충).

③ 교흡형(cutting-sponging type, 절단흡취형) : 큰턱이 날카로운 칼날형으로 변형. 포유류의 피부를 자르고 찢어서 상피로부터 피가 흘러 나오게 하여 빨아먹는다(예: 등에, 벌, 파리목 곤충의 일부).

④ 흡취형(sponging type) : 액체 또는 타액에 쉽게 용해되는 먹이를 섭취하기 용이하게 적응한 형태이다(예: 집파리류).

⑤ 저지형(chewing-lapping type) : 액체상태의 먹이를 섭취하는 구기형, 저작형으로

먹이를 물거나, 집을 짓는 재료를 다루기 용이하게 되어 있다(예: 꿀벌).

⑥ 천흡형(piercing-sucking type) : 체표면을 뚫고 체액을 빨아먹을 수 있도록 되어 있다(예: 진딧물, 매미, 노린재, 소금쟁이).

⑦ 흡관형(siphoning-tube type) : 긴 주둥이로 꿀과 액체상태의 먹이를 섭취하는 형태이다(예: 나비).

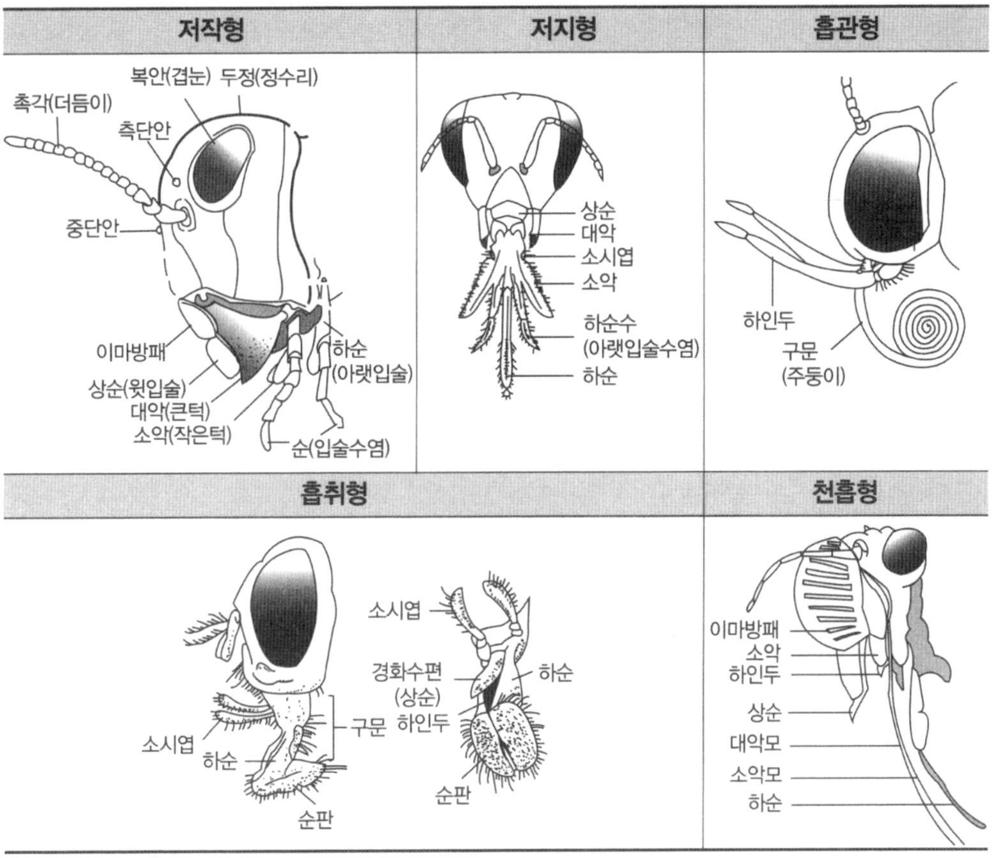

[그림 15.2] 구기의 종류

3) 다리(Leg)

전형적인 곤충의 다리는 기절(coxa, 밑마디), 전절(trochanter, 도래마디), 퇴절(femur, 넓적다리마디), 경절(tibia, 종아리마디), 부절(tarsus, 발목마디) 그리고 전부절(pretarsus, 앞발목다리) 등의 6부로 구성되어 있다. 그러나 곤충들은 각각의 특유한 행동양식에 알맞도록 변형된 다리의 형태로 발달하였다.

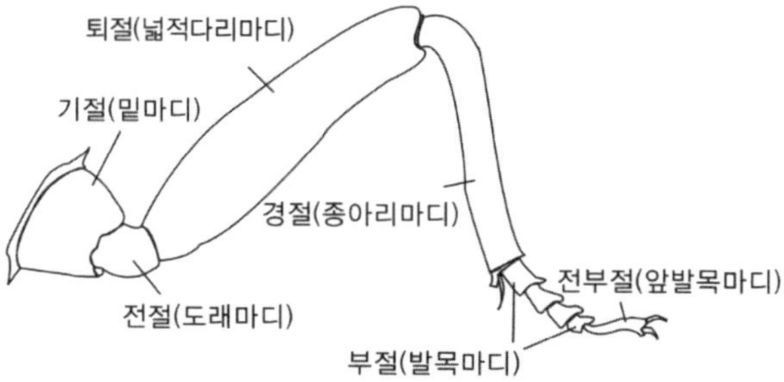

[그림 15.3] 곤충 다리의 기본형

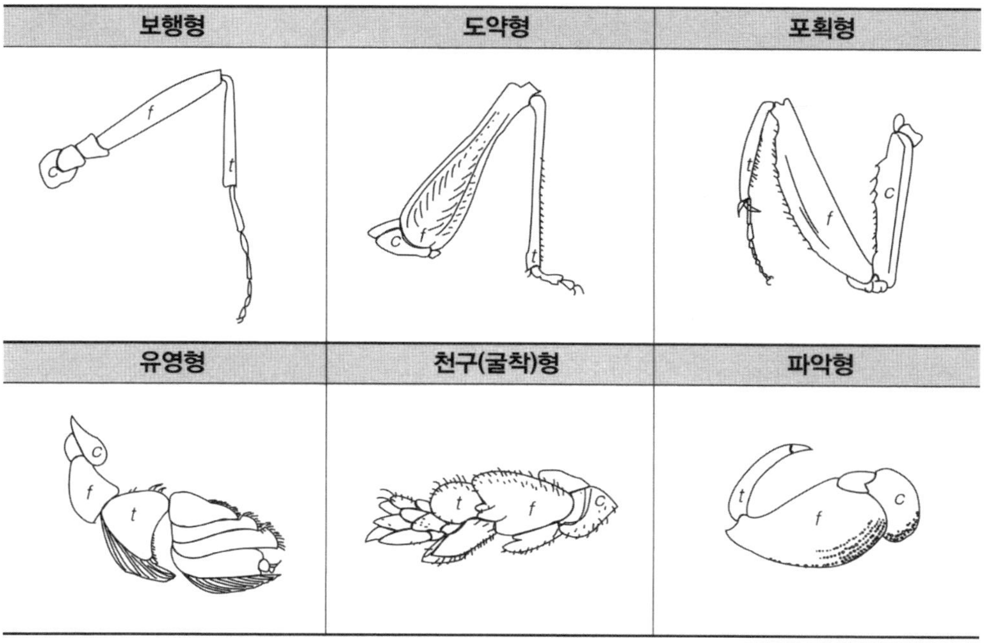

[그림 15.4] 변형된 곤충 다리의 비교(c: 기절, f: 퇴절, t: 경절)

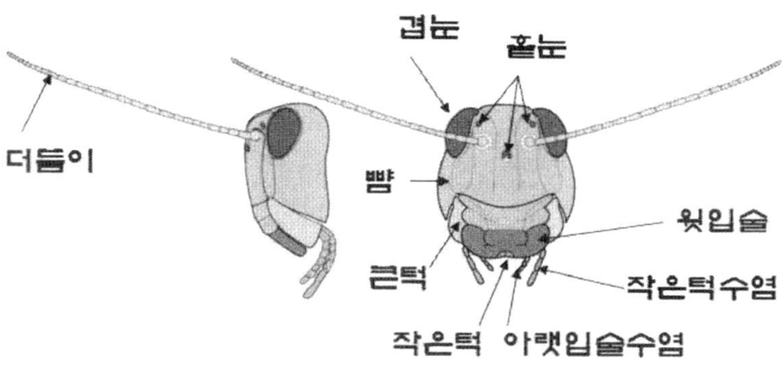

[그림 15.5] 기본적인 머리의 구조

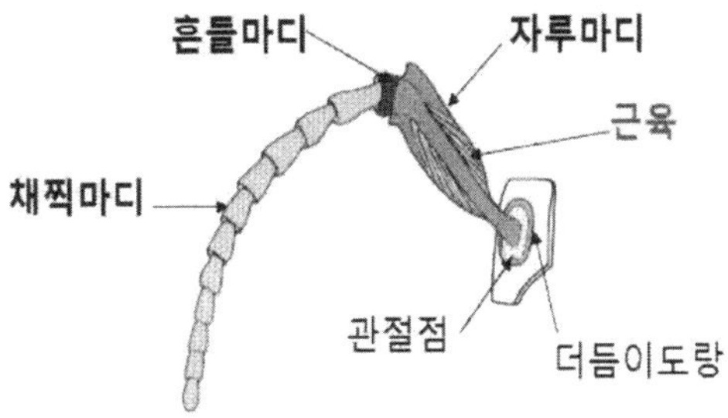

[그림 15.6] 더듬이의 구조

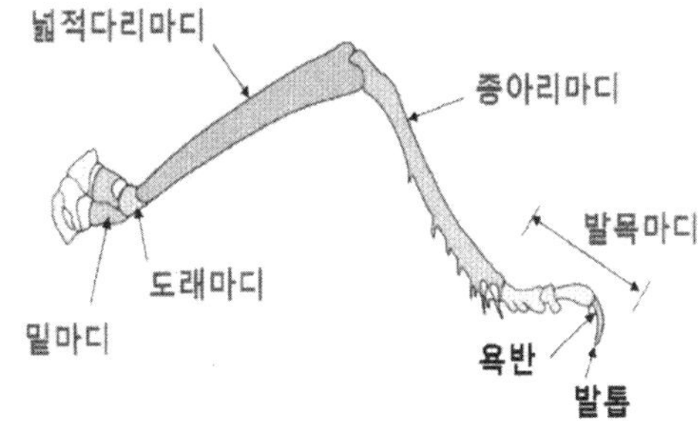

[그림 15.7] 다리의 구조

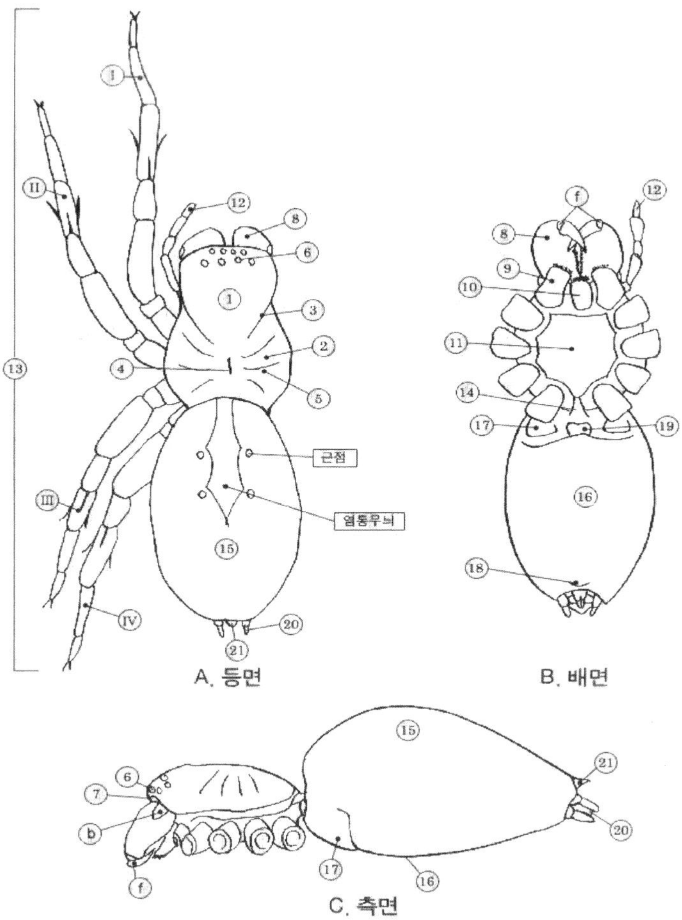

① 머리 ② 가슴 ③ 목 ④ 가슴 ⑤ 방사 ⑥ 눈 ⑦ 이마 ⑧ 위턱 b. 옆혹, f. 엄니 ⑨ 아래턱 ⑩ 아랫입술 ⑪ 가슴판 ⑫ 더듬이다리 ⑬ Ⅰ. 첫째다리, Ⅱ. 둘째다리(앞다리), Ⅲ. 셋째다리, Ⅳ. 넷째다리 ⑭ 배자루 ⑮ 배등면 ⑯ 배밑면 ⑰ 책허파 ⑱ 기관 숨문 ⑲ 입 외부생식기 ⑳ 실젖 ㉑ 항문 두덩

[그림 15.8] 거미의 구조

3 시약 및 재료

- 해부현미경
- 거미
- 70% 알코올
- 메뚜기
- 해부핀셋

4 실험방법

거미와 메뚜기의 외형을 관찰한 뒤, 스케치를 하고 명칭을 기입하시오.

〈메뚜기〉

〈거미〉

실험보고서

조번호:	이름:
학번:	학과:
실험일자:	제출일자:

1) 곤충의 일반적인 특징은 무엇이라 생각하는가?

2) 더듬이(촉각)는 크게 몇 마디로 이루어져 있는가?

3) 메뚜기의 머리 부분에는 어떠한 것들이 있는가?

4) 메뚜기의 숨구멍에 해당하는 기문은 어디에 존재하는가?

5) 메뚜기의 다리와 날개는 어느 부분에 위치하고 있는가?

6) 다리는 크게 몇 마디로 되어 있는가?

7) 메뚜기는 곤충강에 속하고, 거미는 주형강(蛛形綱)에 속한다. 이 두 동물의 차이점을 조사해 보자.

고 | 찰 | 및 | 소 | 감

〈참고자료〉

무척추동물류

1. 환형동물문(Annelida)

◎ 실지렁이류

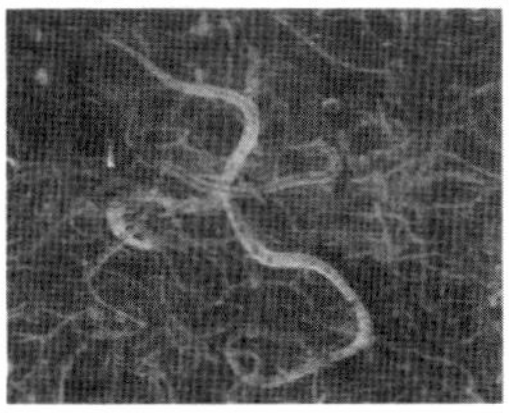

◎ 거머리류

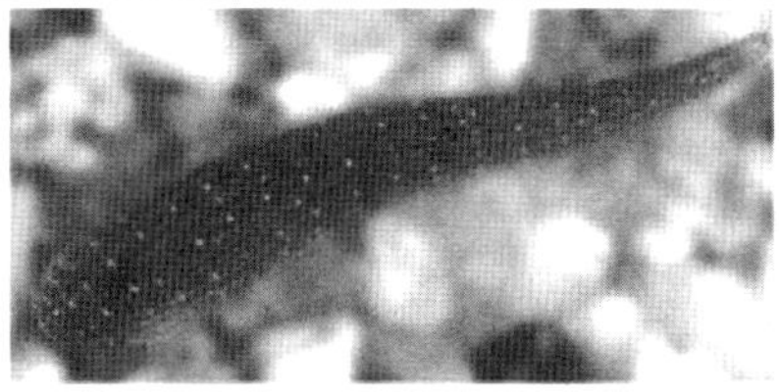

2. 선형동물문(Nemathelminthes)

◎ 선충류

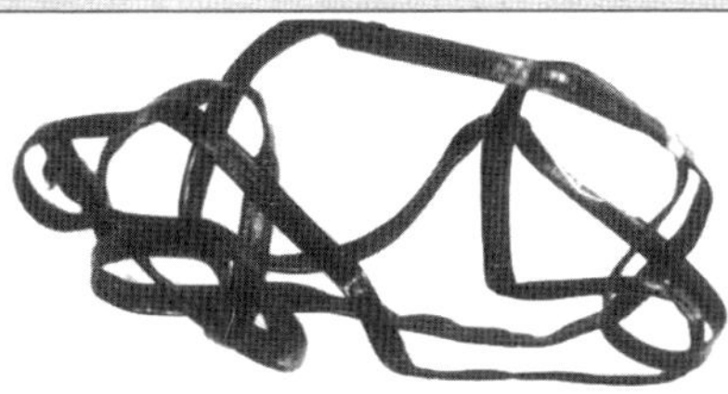

3. 편형동물문(Platyhelminthes)

◎ 플라나리아류

4. 연체동물문(Mollusca)

◎ 복족류

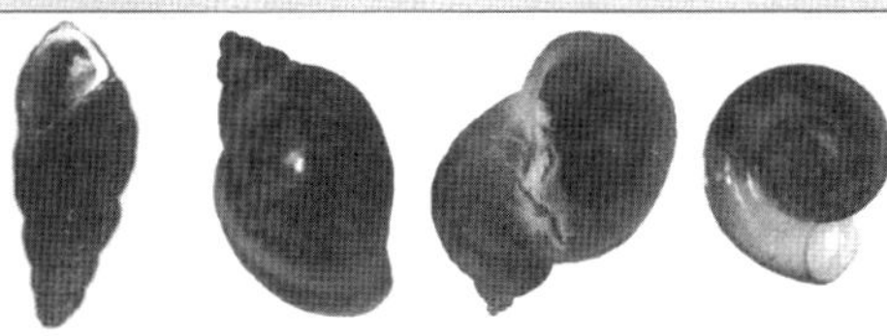

◎ 부족류

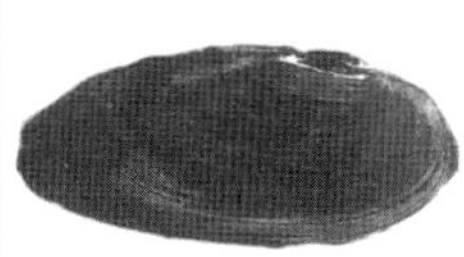

◎ 두족강

◎ 굴족강

◎ 무판강

◎ 다판강

5. 절지동물문(Athropoda)

◎ 갑각류(Crustacea)

① 옆새우류

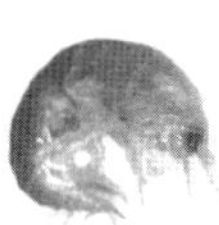

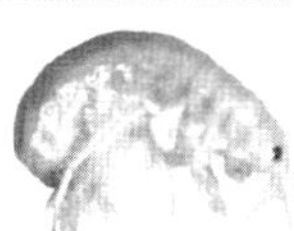

② 가재류

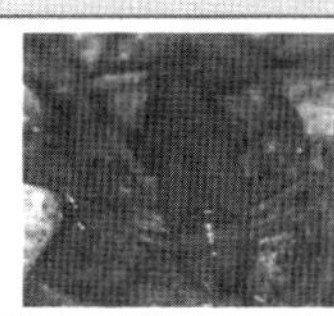

③ 물벌레류

④ 새우류

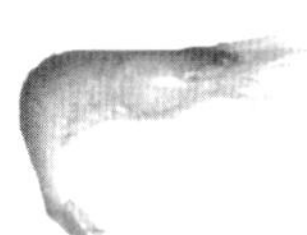

곤충류(Insecta)

① 하루살이목(Ephemeroptera)

㉮ 납작하루살이과

㉯ 알락하루살이과

㉰ 꼬마하루살이과

㉱ 등딱지하루살이과

㉲ 강하루살이과

㉳ 갈래하루살이과

㉴ 하루살이과

㉵ 피라미하루살이과

② 강도래목(Plecoptea)

㉮ 강도래과

㉯ 그물강도래과

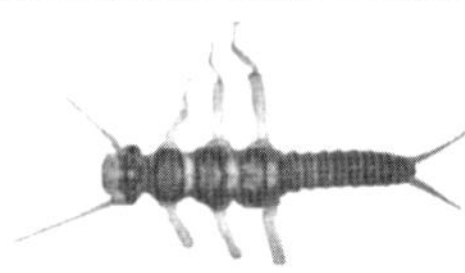

㉰ 녹색강도래과

㉱ 민강도래과

㉲ 큰그물강도래과

㉳ 넓은가슴강도래과

③ 날도래목(Trichoptera)		
㉮ 줄날도래과	㉯ 광택날도래과	㉰ 물날도래과
		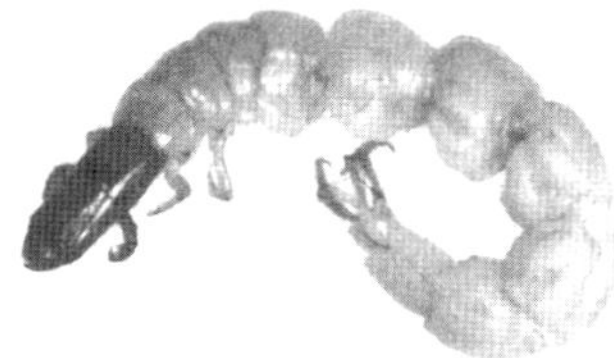
㉱ 바수염날도래과	㉲ 네모집날도래과	㉳ 각날도래과
	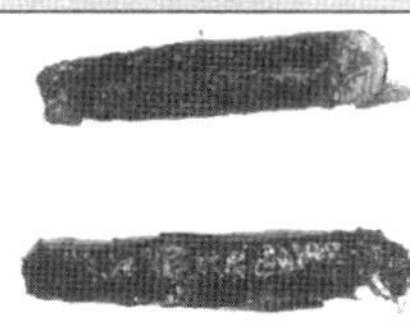	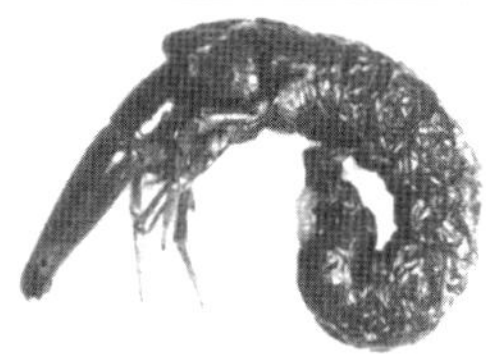
㉴ 애날도래과	㉵ 날도래과	㉶ 나비날도래과

㉷ 우묵날도래과		

㉸ 날개날도래과		

④ 딱정벌레목(Coleoptera)		
㉮ 물삿갓벌레과	㉯ 여울벌레과	㉰ 물방개과
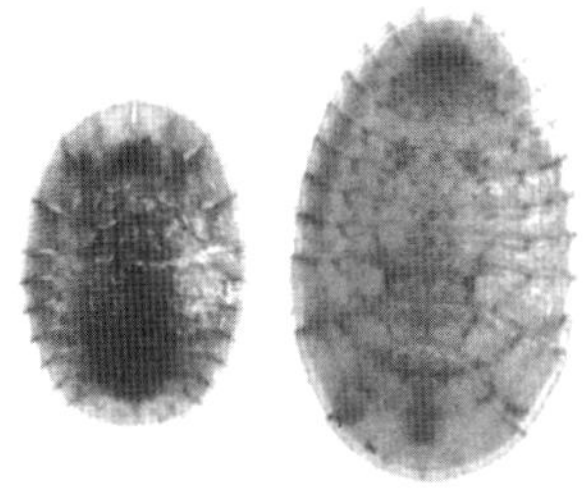	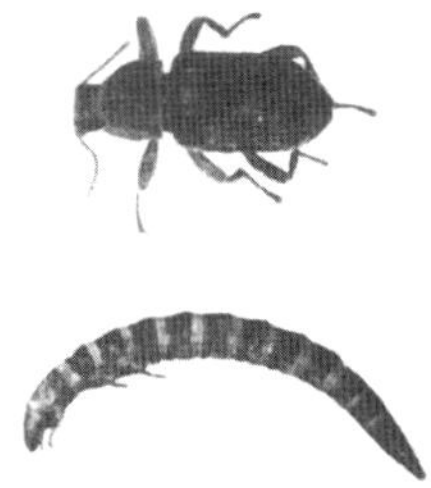	
㉱ 물진드기과	㉲ 물땡땡이과	㉳ 잎벌레과
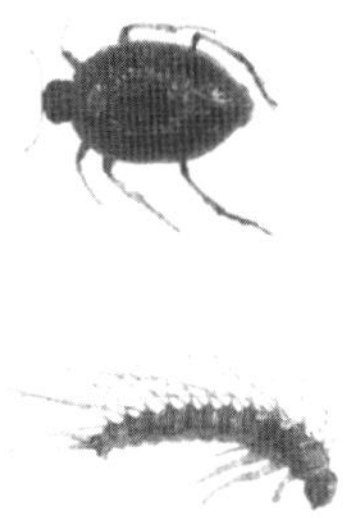		

⑤ 노린재목(Hemiptera)		
㉮ 소금쟁이과	㉯ 물장군과	㉰ 장구애비과
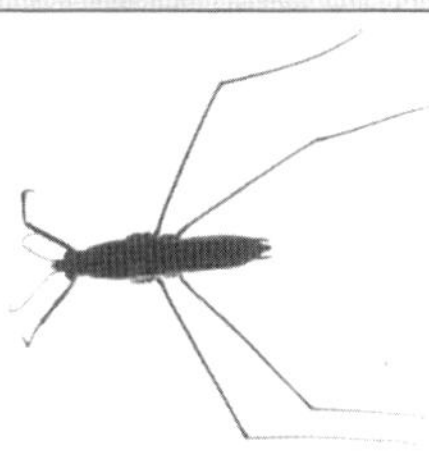		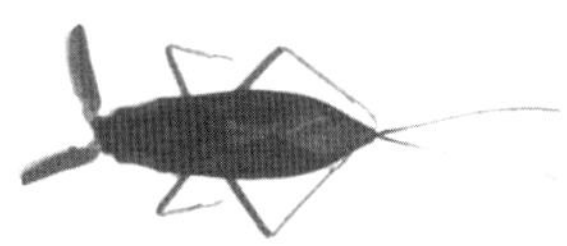
㉱ 송장헤엄치게과	㉲ 물둥구리과	㉳ 물벌레과
	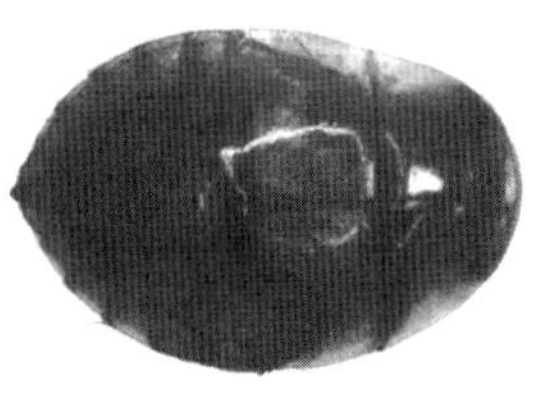	

⑥ 파리목(Diptera)		
㉮ 깔따구과	㉯ 먹파리과	㉰ 등에모기과

㉱ 각다귀과	㉲ 모기과	㉳ 꽃등에과

㉴ 동애등에과	㉵ 등에과	㉶ 집파리과
	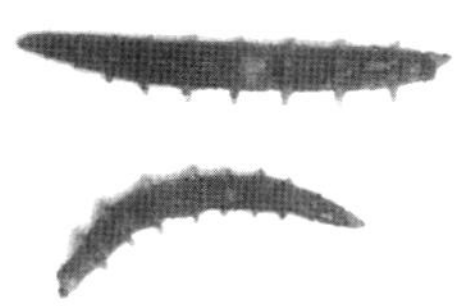	
㉷ 나방파리과	㉸ 장다리파리과	㉹ 개울등에과

⑦ 잠자리목(Odonata)

㉮ 부채장수잠자리과

㉯ 북방잠자리과

㉰ 왕잠자리과

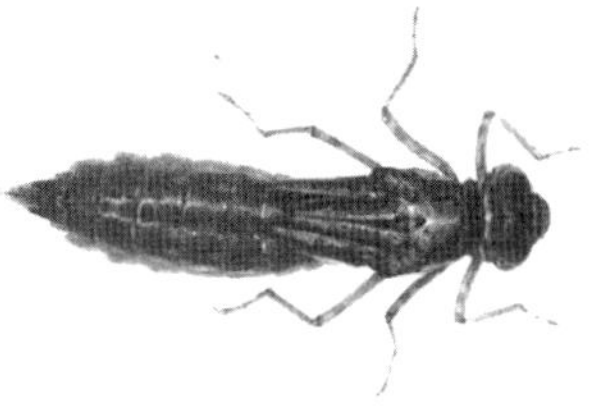

㉱ 잠자리과

㉲ 실잠자리과

㉳ 방울실잠자리과

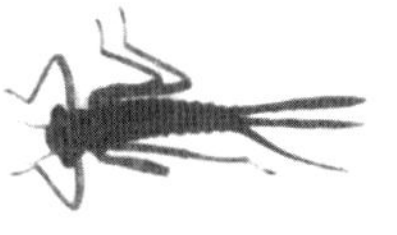

㉴ 물잠자리과

⑧ 뱀잠자리목(Megaloptera)

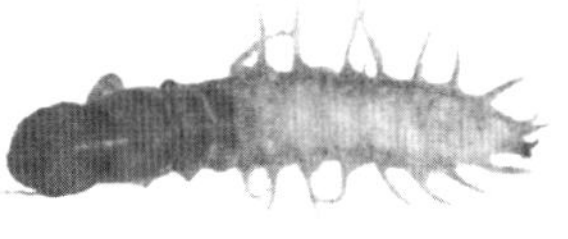

⑨ 톡토기목(Collembola)

16 혈당측정 및 Urine test
(개인 혈당측정, 소변)

1 목 적

혈당, 소변검사 방법을 알아보고, 현재 자신의 건강상태를 직접 확인해 본다.

2 이 론

동물은 대사과정을 통해 해로운 노폐물을 만들어 내므로 이를 제거해야 한다. 단순한 동물에서는 확산만으로 노폐물을 내보낼 수 있지만, 더 복잡한 동물은 특수한 기관이나 기관계를 이용한다. 주요한 노폐물에는 세포호흡으로 형성되는 이산화탄소(carbon dioxide)와 아미노산의 분해로 형성되는 질소함유 노폐물(nitrogenous wastes)이 있다. 대부분의 동물은 이산화탄소를 신속히 제거하기 위하여 호흡계를 이용하고, 질소와 노폐물을 제거하기 위하여 특수한 배설기관을 가지고 있다.

무척추동물의 배설기관에는 세 가지 형태가 있다. 환형동물에는 쌍으로 된 신관(nephridia)이 있어, 체강과 혈액으로부터 노폐물을 제거하여 신구를 통해 배설한다. 가재와 같은 갑각류는 제1더듬이의 기저에 쌍으로 된 녹샘(green grands)을 가지고 있다. 이 샘은 혈액림프로부터 질소함유 노폐물을 제거하여 외부로 통하는 구멍으로 배설한다. 이와 유사하게 곤충은 말피기소관(Malpighian tubules)을 갖고 있어 혈액림프로부터 질소함유 노폐물을 제거하여 창자 안으로 배설한다.

[1] 혈 당

혈당은 혈액 속에 함유되어 있는 포도당의 농도를 말한다. 인체는 항상성을 유지하기 위해 항상 혈당 수치를 일정한 범위 내로 유지하여야 한다.

혈당량을 유지하는데 기여하는 호르몬은 글루카곤, 아드레날린, 인슐린, 갑상선호르몬 등이 있으며, 이 호르몬들의 길항작용에 의해 인체의 혈당 수치는 일정 범위를 유지하게 된다(표 16-1).

표 16-1. 혈당수치표

	정상	당뇨위험	당뇨병
공복혈당	100㎎/*dl* 미만	100~125㎎/*dl*	126㎎/*dl* 이상
식사후 2시간	140㎎/*dl* 미만	140~199㎎/*dl*	200㎎/*dl* 이상

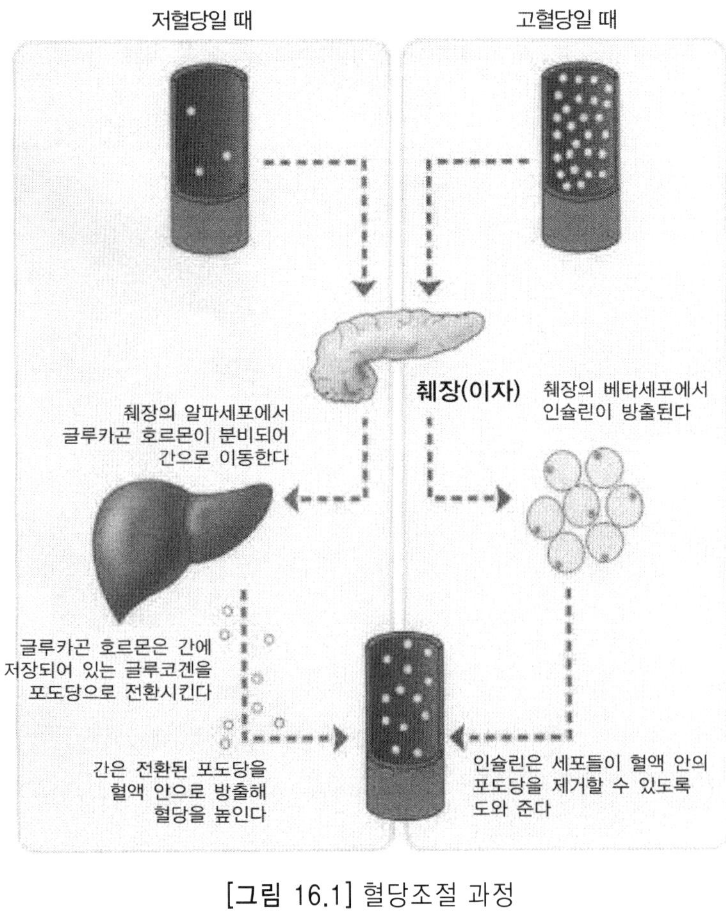

[그림 16.1] 혈당조절 과정

이런 호르몬들의 분비에 이상이 발생하면 혈당 수치가 불안정해지는 현상의 예가 당뇨병이다. 당뇨병은 호르몬들 중 특히 혈당을 낮추는 인슐린의 분비에 이상이 발생하여 생기는 병으로, 현재는 인슐린을 외부로 투여받으면서 식이요법을 병행하여 치료하기도 한다.

[2] 요 분석

사람에게 있어 요성분의 분석은 보통 신체의 일반적인 기능을 측정하는데 이용된다. 식이, 운동, 스트레스 등으로 인해 요성분과 농도에 차이가 나타난다(표 16-2).

표 16-2. 요의 일반 성상

성분	정상	비정상
색깔	담황색	적색을 띠는 요는 혈액이 포함, 무색의 요는 요붕증, 만성 신장염 등이 원인
혼탁도	맑거나 약간 탁함	혼탁이 심하면 요안에 고름이나 혈액이 포함되어 있음
pH	4.8~8.0	산성뇨 : 고단백식이나 고열 등이 원인
		염기성뇨 : 채식이나 요로의 세균감염이 원인
비중	1.015~1.025	낮은 비중 : 항이뇨호르몬 결핍, 신장 손상으로 물의 재흡수가 되지 않음
		높은 비중 : 당뇨병, 단백질이 여과되는 신장질환이 원인
단백질	없거나 미량	단백질의 존재는 단백질이 여과되는 신장질환, 발열, 외상, 빈혈, 백혈병, 고혈압 등이 원인
포도당	없거나 미량	포도당의 존재는 일반적으로 당뇨병임을 나타냄

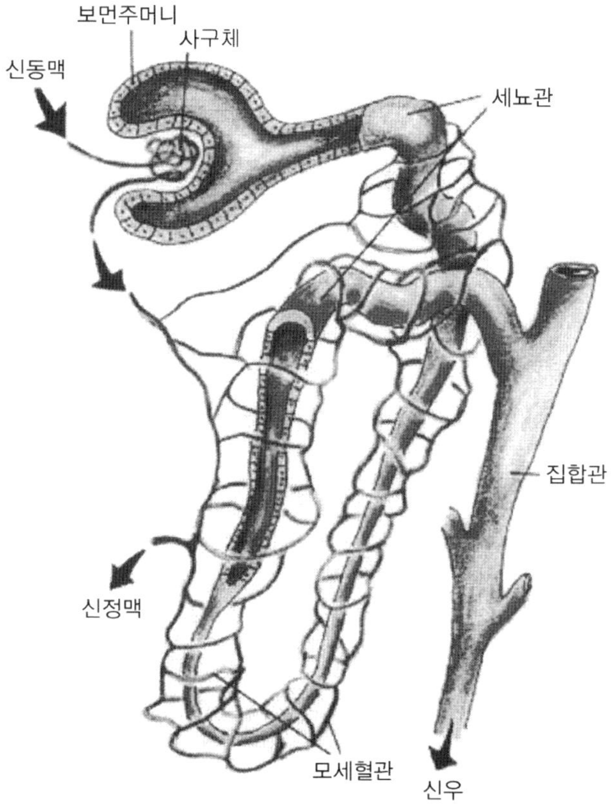

[그림 16.2] 네프론의 구조

3 시약 및 재료

- 요시험지
- 베네딕트 용액
- 단백질(albumine)
- 혈당측정기
- 당(glucose)
- 초산(acetic acid)

4 실험방법

1) 당뇨검사

① 두 개의 시험관에 베네딕트 용액을 1mL씩 넣는다.

② 한 시험관에는 요를, 다른 시험관에는 당을 두 방울 넣는다.

③ 잘 혼합한 후 끓을 때까지 가열하고 용액의 침전물의 색 변화를 관찰한다.

2) 단백뇨 검사

① 하나의 시험관에는 요를, 다른 시험관에는 단백질(albumine)을 1mL씩 넣는다.

② 끓을 때까지 가열한 후, 1~2방울 초산을 가한다.

③ 요의 윗부분을 관찰한다.

3) 요시험지 검사

요시험지를 요에 살짝 담궜다 끄낸 후, 각 시약의 색 변화를 관찰하고 대조표와 비교해 본다.

4) 혈당 측정

란셋을 이용해 채혈한 후, 혈당측정기에 떨어뜨려 혈당 수치를 읽는다.

실험보고서

조번호:	이름:
학번:	학과:
실험일자:	제출일자:

1) 관찰, 검사 결과를 기재하고 스스로의 상태를 진단해 보자.

	성상	결과	진단
소변검사	색깔		
	냄새		
	혼탁도		
	pH		
	단백뇨		
	당뇨		
혈액검사	혈당치		

2) 신단위에서 요의 생성과정을 설명해 보자.

3) 만약, 당뇨 검사 결과 침전물의 색이 적벽돌색으로 나타났다면 그 원인이 무엇이라고 생각되는가?

4) 당뇨검사와 혈당검사 결과를 서로 비교하고 설명해 보자.

5) 단백뇨 검사 경과에서 열과 산을 가하였을 때, 구름과 같은 알갱이가 생겼다면 그 원인이 무엇이라고 말할 수 있겠는가?(신단위 요 생성과정에서 설명해 보자)

6) 소변검사 결과를 가지고 자신의 소변이 어떤 상태인지 설명해 보자.

7) 일반적으로 건강진단에 소변검사와 혈액검사를 실시한다. 왜 이러한 검사가 건강진단의 척도가 되는가?

고 | 찰 | 및 | 소 | 감

17 개구리의 내·외부 관찰

1 목 적

개구리의 내부 및 외부 형태를 살펴 봄으로써 생태적 특징과 몸의 구조를 연계하여 이해한다.

2 이 론

[1] 분류학적 위치

척추동물문(Vertebrata)
무양막아문(Anamniota)
양서강(Amphibia)
무미목(Anura)
개구리과(Ranidae)
개구리속(*Rana*)
황소개구리(*Rana catesbeiana*)

개구리의 실험동물로서의 가치는 다음과 같다.

① 재료를 구하기 쉽고 기르기가 용이하다.

② 실험동물로서 크기가 적당하다.
③ 표면에 비늘이나 껍질 또는 깃털 같은 것이 없어 취급하기 편리하다.
④ 고등 척추동물과 흡사하다.
⑤ 각 기관이 완전할 정도로 분화했고 그 세포, 조직 등이 대형이므로 해부, 조직, 생리 등의 실험에 알맞다.
⑥ 개구리 알을 구하기 쉽고, 관찰이 용이하며, 올챙이의 성장이 빠르고 변태가 뚜렷하므로 발생학 실험에서도 좋은 재료가 된다. 그리고 동물이 수서에서 육지로 옮겨온 과정의 중요 단계에 있는 것이 개구리이기에 여러 가지로 중요성을 갖는다.

[2] 재료를 죽이는 방법

실험동물을 죽일 때에는 고통을 덜 주고 단시간 내에 목적하는 처치를 하여야 한다.
① 뇌(연수)를 파괴하는 방법 : 개구리의 등 정중선과 양쪽 고막의 밑을 연결하는 줄이 교차하는 곳을 바늘로 찔러서 뇌를 파괴하면 된다. 그러나 뇌신경계를 관찰할 때는 사용할 수가 없는 방법이다.
② 개구리의 윗턱을 끊어내는 방법 : 생리실험 같은 데에 많이 쓰이지만, 해부에서는 그다지 쓰이지 않는 방법이다. 개구리의 윗턱을 끊어내는 것으로 뇌는 물론 양쪽의 눈과 고막까지도 끊어낸다.
③ 약품(클로르포름, 에테르)으로 마취시키는 방법 : 마취의 정도가 약하면 실험동물이 다시 깨어날 수 있으므로 주의해야 한다.

3 시약 및 재료

- 황소개구리
- 마취병
- 해부대
- 에틸에테르
- 탈지면

4 실험방법

① 수조 속에 살아 있는 개구리와 클로로포름이나 에테르로 마취한 개구리를 비교하면서 외부형태와 구강 안을 관찰한다. 또한, 암・수컷의 차이점도 비교한다.

② 마취된 개구리를 배가 위로 향하게 해부접시에 놓고, 핀으로 사지를 고정시켜 핀셋으로 피부를 들고 정중선을 피하여 항문 부근에서 아래턱까지 가위로 절개하면 근육벽이 나온다. 중앙의 복정맥을 피하여 핀셋으로 근육벽을 들고 피부를 절개할 때와 같은 방법으로 항문 부근부터 절개하되, 흉부에 이르면 쇄골과 오훼골이 있으나 근육과 함께 절개한다.

③ 흉부와 복부를 좌우로 절개하고 핀으로 해부접시 바닥에 고정하면 내장이 완전히 노출된다. 이때 주의할 것은 혈관을 피하여 혈액이 흐르지 않도록 해야 한다.

④ 항문 근처를 해부할 때는 방광이 약한 박막으로 되어 있으므로 터지지 않도록 주의한다. 이제 해부접시에 실험재료가 잠길 정도로 물을 채우고 내부구조를 관찰한다.

[1] 외부 형태

몸은 머리(head)와 몸통(trunk), 사지(appendage)로 되어 있고 목(neck)과 꼬리(tail)가 없다.

① 눈(Eye) : 좌우 한 쌍이고 크며 거의 구형이다. 윗눈꺼풀(upper eye-lid)과 아래눈꺼풀(lower eye-lid)로 되어 있고, 윗눈꺼풀은 자유롭게 움직일 수 없으나 아래눈꺼풀은 움직일 수 있다. 눈꺼풀 안에 깜박눈꺼풀(瞬膜, nictitaing membrane)이 있으며, 이는 투명한 막으로 안구 전체를 덮을 수가 있다.

② 고막(Tympanic membrane) : 눈의 뒤쪽에 둥글고 평평한 막 모양으로 덮여 있는 피부면이다. 이 고막은 외이(겉귀)와 중이(가운데귀)의 경계가 되며 양서류는 외이가 없다.

③ 입(Mouth) : 머리의 앞 모서리에 있다.

④ 콧구멍(Outer nostril) : 눈의 앞쪽과 머리의 양쪽 끝에 가까운 곳에 좌우 한 쌍의 작은 구멍이다.

⑤ 울음주머니(Vocal sac) : 수컷의 고막 뒤쪽에 얇은 막으로 된 둥근 모양의 주머니가 있다. 울 때에는 주머니가 팽대되어 소리를 내게 된다.

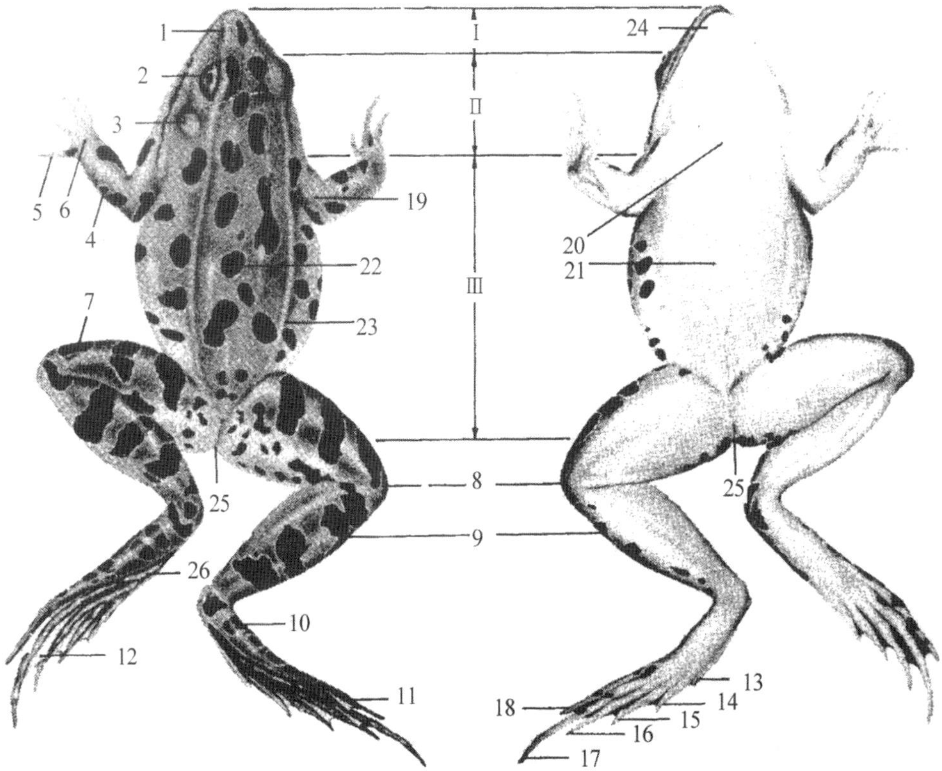

ㄱ. 등쪽에서 본 외형

ㄴ. 배쪽에서 본 외형

1. 콧구멍(外鼻孔) : External naris(outer nostril)
2. 눈(眼) : Eye
3. 고막(鼓膜) : Tympanic membrane
4. 앞팔(前腕) : Forearm(antebrachium)
5. 앞발가락(指) : Digitus manus
6. 앞발목(腕) : Carpus
7. 넓적다리(大腿部) : Femur(thigh)
8. 무릎(膝) : Patella
9. 종아리(脛部) : Crus(shank, lower leg)
10. 뒷발목(跗部) : Tarsus
11. 뒷발가락(趾部) : Digitus pedis
12. 물갈퀴(蹼) : Web
13. 여분발가락(番外趾) : External digitus(outer metatarsal tubercle)
14. 첫째뒷발가락(第1趾) : 1st digitus pedis
15. 둘째뒷발가락(第2趾) : 2st digitus pedis
16. 셋째뒷발가락(第3趾) : 3st digitus pedis
17. 넷째뒷발가락(第4趾) : 4st digitus pedis
18. 다섯째뒷발가락(第5趾) : 5st digitus pedis
19. 윗팔(上腕) : Brachium(upper arm)
20. 가슴, 흉부(胸府) : Breast
21. 배(腹部) : Abdomen
22. 등(背部) : Dorsal part
23. 등피부길이주름(背皮縱褶)
24. 아래턱(下顎) : Mandible
25. 항문(肛門) : Anus
26. 발바닥(蹠部) : Planta pedis(sloe)
I. 주둥이부분(吻部) : Snout part(proboscis)
II. 머리부분(頭部) : Head part
III. 몸통부분(體幹) : Truck part

[그림 17.1] 개구리의 외형

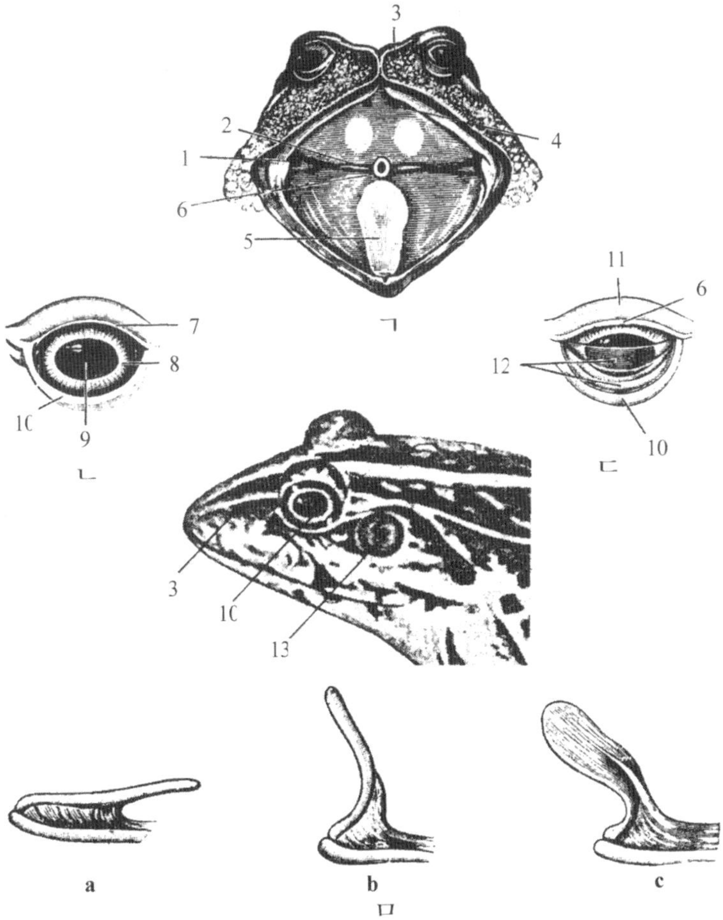

ㄱ. 입을 벌린 것　ㄴ. 눈　ㄷ. 순막을 거의 닫은 눈　ㄹ. 머리의 옆면　ㅁ. 혀의 반전

1. 유스타키오관(중이관) : Eustachian sinus
2. 인두(咽頭) : Pharynx
3. 콧구멍(外鼻孔) : Outer nostril(external naris)
4. 뒤콧구멍(內鼻孔) : Internal naris(inner nostril)
5. 혀(舌) : Tongue
6. 후두(喉頭) : larynx
7. 윗눈꺼풀(上眼瞼) : Upper eye-lid
8. 홍채(虹彩) : Iris
9. 동공(瞳孔) : Pupil
10. 아래눈꺼풀(下眼瞼) : Lower eye-lid
11. 두부의 피부(頭部의 皮膚) : Skin of head
12. 깜박눈꺼풀(셋째눈꺼풀, 순막; 瞬膜) : Nictitating membrane
13. 고막(鼓膜) : Tympanic membrane

[그림 17.2] 개구리의 두부와 눈, 혀

⑥ 앞다리(Anterior limbs) : 뒷다리보다 짧으며 위팔(upper arm), 아래팔(forearm), 손목(wrist : carpus), 손(hand), 손가락(finger) 등으로 되었고, 제1손가락은 극히 짧으며 네 개의 손가락만 있는 것같이 보인다. 맨 안쪽에 있는 것이 두 번째 손가락이고 세 번째 손가락이 제일 길다. 네 번째 손가락은 다시 짧다.

⑦ 뒷다리(Posterior limbs) : 잘 발달되어 있고 넓적다리(thigh: femur), 종아리(shank: crus), 발목(ancle: tarsus), 발(foot)과 다섯 개의 발가락(toe)으로 되어 있고, 제1발가락에서 제5발가락 사이에 물갈퀴(web)가 발달되어 있다. 5개의 발가락 이외에 가장 안쪽에 짧은 여분발가락(prechalux: external digitus)이 있다.

[2] 내부 각 기관의 관찰

체강 내에 있는 내부장기(viscera)들을 노출시키기 위하여 뒷다리에 가까운 복부의 얇은 근벽을 핀셋으로 들고 끝이 뾰족한 해부가위를 사용하여 배의 정중선(albino line)의 한쪽을 따라 머리 쪽으로 향하여 절개한다. 특히 흉지대(pectoral girdle)를 자를 때 심장이 상하지 않도록 주의한다.

1) 내장기관(Internal Organs)

① 심장(Heart) : 적색이고 위심낭 안에 있다.

② 폐(허파, Lung) : 심장의 양쪽에, 간의 등쪽에 위치하고 검붉은 망상의 주머니이다.

③ 간(Liver) : 복강의 앞쪽 담낭의 좌우에 위치, 세엽으로 되어 있고 암적색이다.

④ 담낭(쓸개, Gall bladder) : 심장 바로 아래, 간엽 사이에 있는 구형의 주머니로 암녹색을 띠고 있다.

⑤ 위(Stomach) : 간에 덮여 있고, 배의 왼쪽에 편재하여 있는 흰색의 주머니로 뒤끝은 앞쪽보다 약간 굽어 있다.

⑥ 소장(작은창자, Small intestine) : 위에 연결되고 십이지장에서 시작하여 가늘고 몇 번 굽어진 소화관이다.

⑦ 대장(큰창자, Large intestine) : 소장에 연결된 굵고 얇은 막으로 된 소화관으로 간의 등쪽으로 회전되어 골반으로 뻗어 있다.

⑧ 비장(지라, Spleen) : 암홍색의 구형으로 십이지장과 직장 사이에 있는 장간막에 부착되어 있다.

⑨ 췌장(이자, Pancreas) : 긴 황색의 구조로 위와 십이지장 사이에 위치하고 있다.

⑩ 신장(콩팥, Kidney) : 복강의 등벽에 위치하고 한쌍의 가늘고 긴 암홍색으로 여러 개의 엽(葉)으로 되어 있다.

⑪ 지방체(Fat body) : 비더기관(Bidder's organ) 앞쪽에 위치하여 황색 혹은 황적색의 손가락 모양의 덩어리이다.

⑫ 난소(Ovary) : 복강의 좌우에 한쌍이 있고, 많은 검고 흰 난자의 덩어리로 되어 있다.

⑬ 고환(정소, Testis) : 직장의 등쪽, 콩팥의 앞쪽에 위치하고, 한쌍이며 담황색의 팥알 모양이다.

⑭ 장간막(Mesentery) : 창자를 체벽에 부착시키고, 또 창자들 사이를 서로 연결 고정하는 투명한 얇은 막이다.

⑮ 방광(Urinary bladder) : 배의 뒤 끝과 직장의 끝에 좌우에 쌍을 이루고 있다.

⑯ 총배설강(Cloaca) : 직장 끝의 내강으로 생식기, 비뇨기 및 소화관의 끝이 합쳐진 부분이다.

2) 소화기계(Digestive System)

(1) 소화관(Digestive tract)

① 식도(Esophagus) : 소화관이 시작되는 부분으로 위의 앞쪽, 심장과 간의 등쪽 정중선에 있는 관으로 아래 끝은 위와 연결되어 있다.

② 위(Stomach) : 복강을 절개하면 간(肝)으로 위가 덮여 있어 잘 보이지 않는다. 복강의 왼쪽에 편재하여 있고, 왼쪽의 간을 헤치면 그의 등쪽에 보이는 굵은 관으로 아래끝이 약간 굽어 있다.

③ 분문부(들문부분, Cardiac part) : 위의 입구부분을 차지하고 식도와 위의 경계가 되는 부분이다.

④ 유문부(날문부분, Pyloric part) : 위의 뒷부분을 차지하는 위와 십이지장의 경계가 되는 부분이다. 위벽을 절개하면 길이로 된 주름이 있고, 그 아래에 유문조임근(pyloric sphinter muscle)이 있다.

⑤ 십이지장(샘창자, Duodenum) : 위에 계속되는 소장의 시작되는 부분이고, 위의 유문부와의 사이에는 잘룩하게 좁혀 있다.

⑥ 소장(Small intestine) : 십이지장에 계속되는 가늘고 긴 관으로 여러 번 굽어 있다.

⑦ 직장(곧은창자, Rectum) : 소자에 계속되는 매우 굵고 얇은 막으로 된 관으로 오른쪽간엽(右肝葉)의 등쪽에서 시작되고 소장과의 접속되는 부분은 약간 좁혀 있다.

⑧ 총배설강(Cloaca) : 직장(直腸) 끝에 있는 속공간(內腔)으로 생식기, 비뇨기, 소화관의 끝이 모두 합쳐져 있는 곳이다.

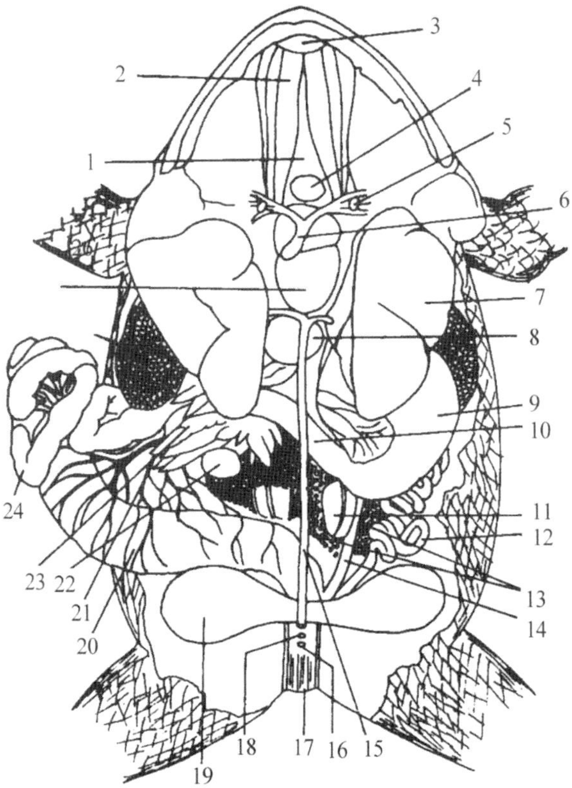

1. 설골혀근(舌骨舌筋) : Hyoglossus muscle
2. 턱끝설골근(頤舌骨筋) : Geniohyoideus muscle
3. 턱끝아래근(頤下筋) : Submentalis muscle
4. 가슴샘(胸線) : Thymus gland
5. 갑상샘(甲狀腺) : Thyroid gland
6. 대동맥줄기(大動脈幹) : Truncus aorta(aorta trunk)
7. 간(肝) : Liver
8. 담낭(膽囊) : Gallbladder(쓸개)
9. 위(胃) : Stomach
10. 십이지장(十二指腸) : Duodenum(샘창자)
11. 신장(腎臟) : Kidney(콩팥)
12. 난관(卵管) : Uterine tube
13. 난소(卵巢) : Ovary
14. 요관(尿管) : Ureter
15. 앞쪽배정맥(腹前靜脈) : Anterior abdominal vein
16. 요관의 열린구멍(尿管의 開口) : Ureter pore
17. 배설구멍(排泄孔) : Urinary pore
18. 난관의 열린구멍(卵管의 開口) : Uterine tube(oviduct) pore(opening of oviduct)
19. 방광(膀胱) : Urinary bladder
20. 대장(大腸) : Large intestine(큰창자)
21. 장간막(腸間膜) : Mesentery
22. 비장(脾臟) : Spleen(지라)
23. 지방체(脂肪體) : Fat body
24. 소장(小腸) : Small intestine(작은창자)
25. 폐(肺) : lung(허파)
26. 심장(心臟) : Heart

[그림 17.3] 개구리의 내장기관

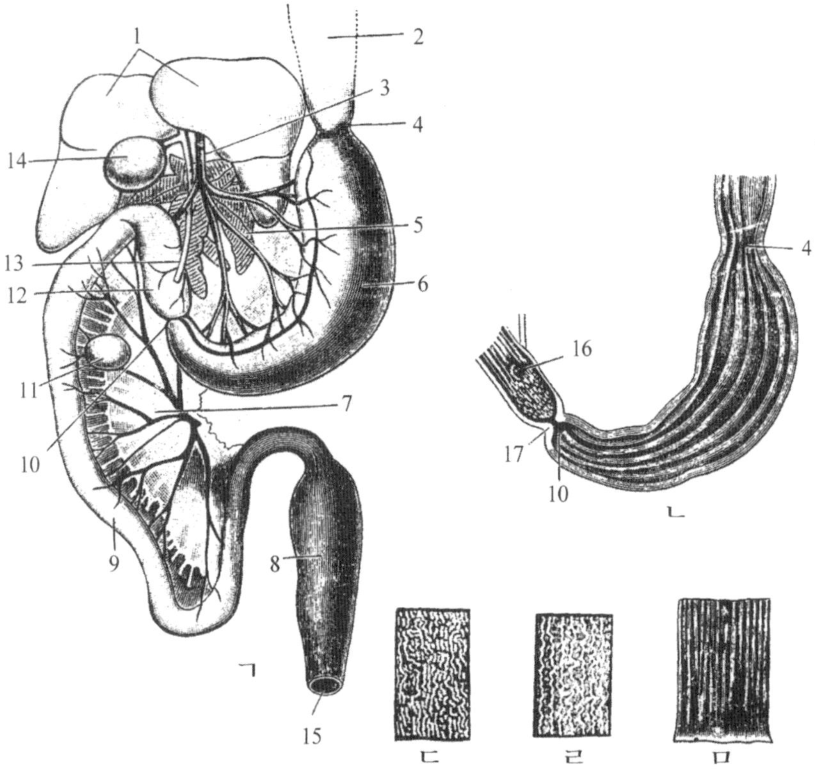

ㄱ. 전체소화기관　　ㄴ. 위의 종단면　　ㄷ. 십이지장(샘창자)의 안쪽면
ㄹ. 소장의 안쪽면　　ㅁ. 대장끝부분의 안쪽면

1. 간(肝) : Liver
2. 식도(食道) : Esophagus
3. 간문맥(肝門脈) : Hepatic portal vein
4. 들문(噴門) : Cardiac part(cardiod)
5. 췌장(膵臟) : Pancreas
6. 위(胃) : Stomach
7. 장간막(臟間膜) : Mesentery(창자간막)
8. 대장(큰창자; 大腸) : Large intestine
9. 소장(작은창자; 小腸) : Small intestine
10. 유문(날문; 幽門) : Pyloric part(pyloid)
11. 비장(지라; 脾臟) : Spleen
12. 십이지장(샘창자; 十二指腸) : Duodenum
13. 담당관(쓸개관; 膽管) : Bile duct
14. 담낭(膽囊) : Gall bladder
15. 배설구멍(排泄口) : Excretory pore
16. 담관의 열린구멍(膽管의 開口) : Opening pore of bile duct
17. 날문조입근(幽門括約筋) : Pyloric sphinter

[그림 17.4] 개구리 소화기관

(2) 소화샘(Digestive gland)

① 간(Liver) : 복강의 앞쪽, 담낭의 좌우에 있는 큰 엽상(葉狀)의 기관으로, 몸의 왼쪽에 두개엽으로 된 왼쪽간엽(left hepatic lobe)과 오른쪽간엽(right hepatic lobe)으로 구성되었다. 색은 암갈색 혹은 암적색을 띠고 있다.

② 담낭(쓸개, Gall bladder) : 심장 바로 아래, 간엽 사이에 있는 구형의 주머니로 암녹색을 띠고 있다.

③ 담낭관(쓸개관, Bile duct) : 간과 담낭에서 나오는 관으로 이 두 관이 합쳐져 십이지장의 중앙에서 약간 유문부 쪽으로 십이지장에 열려 있다.

④ 췌장관(이자관, Pancreatic duct) : 이자액을 수담관에 주입시키는 관으로 이 관을 통해서 이자액이 십이지장으로 분비된다.

⑤ 지라(비장, Spleen) : 암홍색의 구형으로 된 기관으로 십이지장과 직장 사이에 있는 장간막에 부착되어 있다.

3) 비뇨생식기계(Urogenitel System)

비뇨기관과 생식기관은 밀접한 관계가 있는 기관으로 함께 관찰한다. 생식기관은 재료의 채집시기에 따라 그의 발달 정도가 각각 다르다. 생식시기에는 암수 모두가 생식기관이 발달되어 있다.

(1) 생식기관(genital organ)

암수로 나누어 관찰한다.

〈수컷의 생식기관(male genital organ)〉

① 고환(Testis) : 직장의 등쪽에 한쌍 있으며, 팥알 모양으로 담황색을 띠고 있다.

② 비더기관(Bidder's organ) : 고환의 앞 끝에 붙어 있는 회색 혹은 적황색을 띠고 있는 구형의 기관으로 내분비샘으로서 작용한다.

③ 지방체(Fat body) : 비더기관의 앞쪽에 위치하고 황색 또는 황적색을 띠고 있으며, 손가락 모양을 한 덩어리이다. 개체와 시기에 따라 그 발달 정도가 다르고 양분저장기관이다.

④ 수정소관(Vasa efferentia) : 고환의 등쪽에서 신장(콩팥) 안으로 들어가는 회색의 가느다란 관이다. 정관은 수정뇨관(genitourinary canal)이라고도 부르며, 콩팥의 등쪽 모서리(背側緣)를 지나며 정충과 오줌을 함께 운반하는 통로이다.

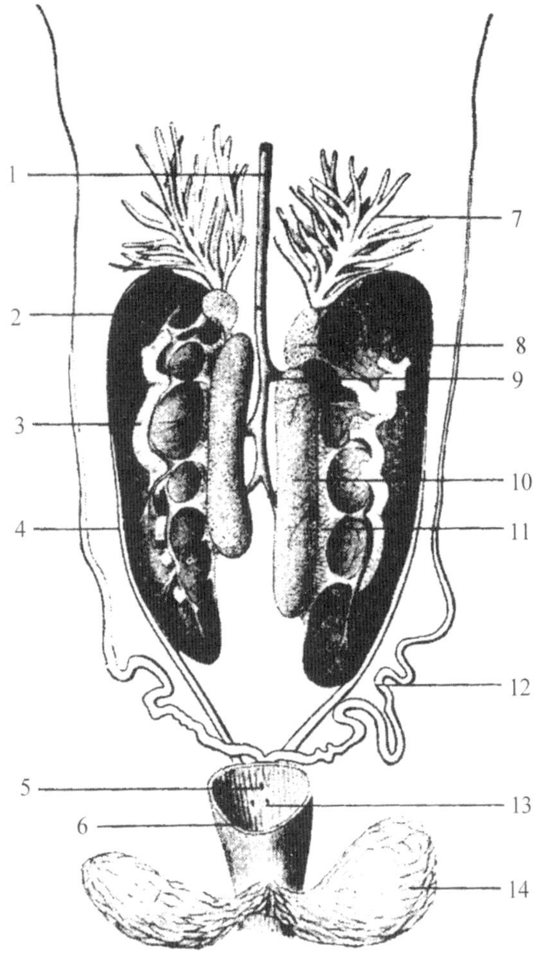

1. 뒤쪽대정맥(뒤대정맥; 後大靜脈) : Posterior vena cava
2. 신장(콩팥; 腎臟) : Kidney
3. 부신(副腎) : Adrenal gland
4. 정관(精管) : Vas deferens
5. 정관의 열린구멍(精管開口) : Opening of vas deferens
6. 총배설강(總排泄腔) : Cloaca
7. 지방체(脂肪體) : Fat body
8. 비더기관 : Bidder's organ
9. 신장정맥(腎靜脈) : Renal vein
10. 고환(精巢) : Testis
11. 수정소관(睾丸小管) : Vasa efferentia
12. 뮬러관 : Muller's duct
13. 뮬러관의 열린구멍(Opening of Muller's duct)
14. 방광(膀胱) : Urinary bladder

[그림 17.5] 개구리 수컷의 비뇨생식기관

⑤ 뮬러관(Muller's duct) : 콩팥의 등쪽 밖을 지나는 유백색의 가는 관으로 그 발달 정도는 개체에 따라 다르며, 그의 앞 끝은 약간 가늘어져서 막혀 있고, 그 뒤쪽 끝은 서로 합쳐져 총배설강의 등쪽 벽에 열려 있다.

〈암컷의 생식기관(female genital organ)〉

① 난소(Ovary) : 복강에 좌우 한쌍 있으며, 개체의 크기와 시기에 따라 난자의 발달 정도가 현저하게 다르다. 생식시기에는 거의 난소가 배 전체를 채우고 있으며, 비더기관(Bidder's organ)은 수컷과 마찬가지로 난소의 앞 끝에 부착되어 있다.

② 지방체(Fat body) : 수컷의 경우와 같이 시기와 개체에 따라 발달 정도가 다르며, 황색의 손가락 모양의 덩어리로 되어 있다.

③ 난관(Uterine tube) : 난소의 바깥 등쪽(外背側)에 있는 유백색(乳白色)의 관으로 굴곡하면서 종주하는 긴 관이다. 산란시기에는 뚜렷하게 발달한다. 이 수란관을 뮬러관(Muller's duct)이라고도 부르며, 이 관의 앞쪽은 굽어 있고 점차 가늘어졌다가 다시 굵어져 나팔관 모양을 한다. 허파의 바닥 끝 부근의 배쪽 면에 복강에 열려 있고, 난자가 성숙되면 복강 안에 떨어지고, 이 난자가 수란관의 열린 구멍에서 관 안으로 들어가 운반되어 자궁을 거쳐 총배설구멍을 통해서 몸 밖으로 나온다.

④ 자궁(Uterus) : 수란관 아래 끝에 있으며 약간 팽대한 부분으로 자궁벽은 얇고, 자궁은 수란관의 등쪽 가장자리(背緣)에 고착되어 그 내강은 앞쪽까지 넓혀져 있다. 좌우가 합쳐져서 총배설강의 등쪽벽에 열려 있다.

(2) 비뇨기관(urinary organ)

① 신장(Kidney) : 복강의 등쪽벽(背壁)에 좌우 한쌍이 있으며, 가늘고 긴 기관으로 암홍색을 띠고 있다. 몇 개의 신장엽(腎葉)으로 되어 있고 등쪽 부분에서 더 뚜렷하게 보인다.

② 부신(Adrenal gland) : 황색 혹은 황백색의 불규칙한 모양을 한 기관으로 내분비샘의 기능을 갖고 있다.

③ 요관(Ureter(urinary canal)) : 수컷에는 비뇨생식관이 되어 신장(콩팥)의 바깥쪽에서 등쪽 모서리를 따라 뒤로 가서 그 끝이 총배설강의 등쪽 벽에 연결되어 하나의 구멍으로 열려 있다. 그러나 암컷에서는 다만 오줌만을 배설하므로 그 끝이 총배설강 안에 있는 수란관의 끝 쪽에서 양쪽의 수뇨관이 서로 합쳐져서 총배설강에 열려 있다.

④ 방광(Urinary bladder) : 복강 아래 끝 배쪽(腹側)에 그리고 직장 끝의 좌우에 쌍으로 있는 큰 주머니로서 수뇨관과 직접 연결되어 있지 않고 그 기부는 합쳐져서 총배설강의 배쪽 벽 정중선에 열려 있다.

실험보고서

조번호:	이름:
학번:	학과:
실험일자:	제출일자:

1) 외부 형태와 내부 형태를 스케치를 한 후, 명칭을 표기해 보자.

〈외부관찰〉

〈내부관찰〉

〈외부관찰〉

1) 피부가 미끄러운 이유는 무엇인가?

2) 외비공은 내비공과 통하는가?

3) 눈에 있는 순막은 어느 쪽에 있으며, 그 역할은 무엇인가?

4) 개구리의 피부색은 환경에 따라 변하는가?

〈내부관찰〉

1) 위 속에 있는 음식물들은 무엇인가?

2) 허파에 공기가 차 있을 때와 없을 때는 어떤 차이가 있는가?

3) 지방체의 위치와 기능은 무엇인가?

4) 총배설강에는 암수 각각 몇 개의 관이 개구하는가?

고 | 찰 | 및 | 소 | 감

18 개구리 근육 및 골격 관찰

1 목 적

개구리 근육의 명칭과 위치 및 기능을 이해하고, 그 골격의 위치와 명칭을 알아보자.

2 이 론

Ⅰ. 근육계(Muscular System)

근육의 관찰은 생체보다 알코올이나 포르말린으로 고정한 재료가 관찰하기에 좋다. 근육이 잘 발달되어 있으며, 특히 사지 근육의 발달이 현저하다. 각 근육은 대체로 방추형이고 그 한 끝은 혹은 양 끝이 강한 힘줄(建: tendon)이 붙어 있다. 그리고 비교적 움직이지 않은 끝을 기점 혹은 기시(이는 곳, 起點: origin)이라 하고 다른 끝을 착점(닿는 곳, 着點: insertion) 혹은 종지라고 한다.

근육을 그 기능에 따라 펴짐근(伸筋: extensor), 굽힌근(屈筋: flexor), 모음근(내향근, 內轉筋: adductor), 벌림근(외향근, 外轉筋: abductor), 올림근(擧筋: levator), 내림근(下製筋: depressor), 늘임근(散大筋: dilator), 조임근(括約筋: constictor), 돌림근(廻筋: rotator) 등으로 나눈다.

1) 두부에 속하는 근육(등쪽의 근육)

근육의 명칭	이는 곳	닿는 곳	기능
날개근(익상근) pterygoid m.	전두골	하악골(아래턱뼈)	아래턱을 올린다.
관자근 Temporalis m.	두 골의 귀밑 뼈 (고막골)	하악골(아래턱뼈)	아래턱을 올린다.
저작(측두)근 Masseter m.	고실뼈의 권골돌기	하악골(아래턱뼈)	아래턱을 올린다.
하악내림근(아래턱 내림근) Depressor mandibular m.	고막	하악골(아래턱뼈)	아래턱을 내린다.

2) 동체에 속하는 근육

근육의 명칭	이는 곳	닿는 곳	기능
배바깥빗근(외복사근) External abdominal oblique m.	견갑골 척추의 가시돌기	칼흉골, 백선	복부의 지지와 신장
배피부근 Cutaneous abdominis m.	치골(恥骨) 결합	장골에서 피부의 근막	피부 후면의 장력(張力)을 유지
꼬리엉덩이근 Coccygeoiliacus m.	미골(꼬리뼈)	장골	장골과 미골을 연결
등가장긴근 Longissimus doris m.	미골(urostyle)	두골의 뒷부분과 척추골	두부의 후신근과 거근(머리를 젖히고 올리는 것)
넓은등근 Latissimus dorsi m.	배근막의 배쪽면	상완골	팔의 회전
어깨등근 Dorsalis scaulae m.	견갑골	상완골	팔의 신장
항문조임근 Anal sphinter m.	미골	공통배설강 끝	항문의 수축

3) 팔에 속하는 근육(등쪽에서 본 근육)

근육의 명칭	이는 곳	닿는 곳	기능
어깨세모근(삼각근) Deltoideus m.	상흉골, 쇄골, 견갑골	상완골	팔을 내밀고 당기는 일을 한다.
공통앞발가락펴짐근 Externsor digitorum communis m.	위팔뼈(상완골)	지지(指趾: 손가락) II, IV, V의 표면	손가락과 손을 뻗는다.

근육의 명칭	이는 곳	닿는 곳	기능
위팔레세갈래 팔굼치근 Anconeus triceps brachii m.	위팔뼈(상완골)	척골(자뼈)	앞다리를 뻗는데 작용
앞발목굽핌근 Flexor antibrachii m.	위팔뼈(상완골)	긴근의 펌근	앞다리의 굽힘과 손의 신장(뻗음)

4) 팔에 속하는 근육(등쪽에서 본 근육)

근육의 명칭	이는 곳	닿는 곳	기능
속엉덩근 Iliacus internus m.	장골치골결합	대퇴골의 세모융기	대퇴(넓적다리)의 굽힘과 회전
엉덩종아리근 Iliofibularies(biceps femeries) m.	장골	경비골(脛腓骨)과 대퇴골	대퇴의 뻗음과 내전 그리고 다리의 굽힘
넓적다리세근갈래근 Triceps femoris m.	장골, 비구(髀臼)	경비골 (정강종아리뼈)	대퇴의 굽힘과 다리의 뻗음
넓적다리곧은근 (앞대퇴곧은근) Rectus anticus fermoris m.	장골	속넓은근(內側廣筋)	대퇴의 굽힘과 다리의 뻗음
넓적다리가쪽넓은근 (외측광근) Vastus externus m.	장골	속넓은근(內側廣筋)	대퇴의 굽힘과 다리의 뻗음
넓적다리안쪽넓은근 Vastus medialis m.	비구(acetabulum)	경비골	대퇴의 굽힘과 다리의 뻗음
장딴지근 Gastrocnemius m.	대퇴골(넓적다리)	아킬레스힘줄 (Achilles tendon)	무릎과 발가락의 굽힘
반막모양근 Semimembranosus m.	좌골과 치골	경비골 (정강종아리뼈)	대퇴의 뻗음과 무릎의 굽힘
이상근 Pyriformis m.	미골(urostyle)	대퇴골	대퇴를 옆으로 회전
둔부근 Gluteus m.	장골	대퇴골	대퇴를 옆으로 회전
큰내향근 Adductor magnus m.	좌골과 치골	대퇴골	대퇴(넓적다리)와 다리를 내전시킨다.
비골근 Peroneus m.	대퇴골의 뒤끝	경비골의 제일끝	대퇴의 반대로 다리를 끌어들이고 발을 뻗음
반힘줄모양근 Semitendinosus m.	좌골	경비골(tibiofibula)	대퇴의 뻗음과 내전과 무릎관절의 굽힘

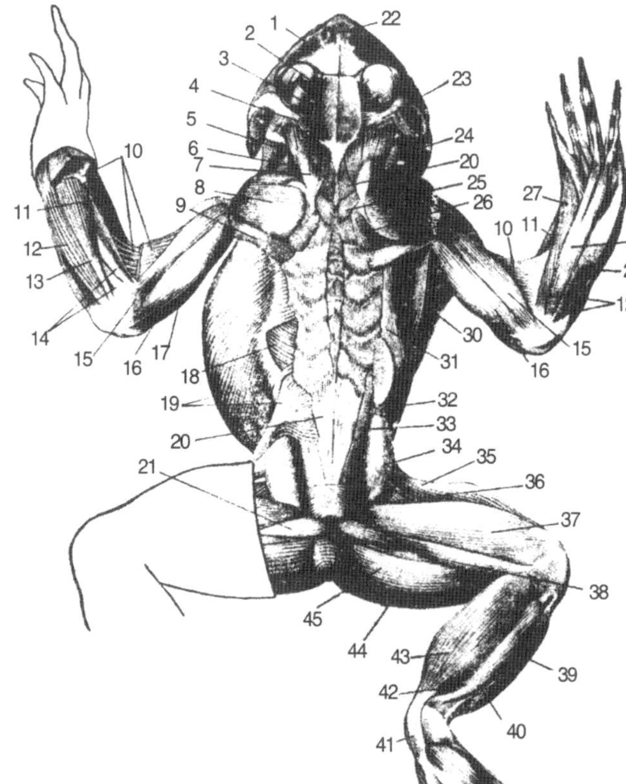

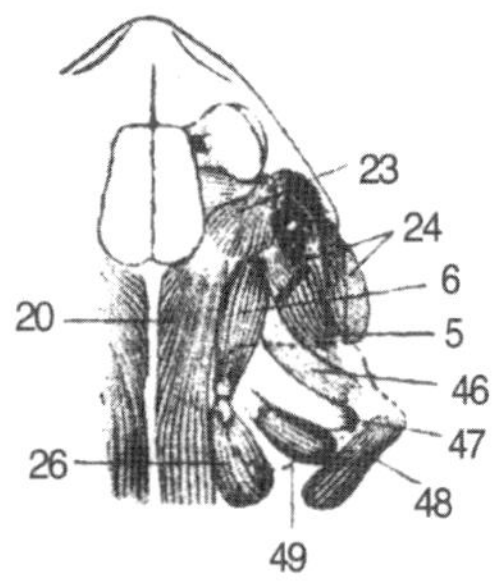

1. Lateralis naurium m.(외측코근) 2. Rectus superior m.(외곧은근) 3. Obliqus superior m.(위경사근) 4. Ptergoidus m.(날개근) 5. Levator scapularis inferior m.(아래견갑올림근) 6. Scapularis inferior m.(위견갑올림근) 7. Anterior rhmoboid m.(앞마름모근) 8. Infraspinatus m.(가시아래근) 9. Lateral dorsal m.(외측등근) 10. Extensor carpi radialis m.(노쪽손목편근) 11. Flexor carpi radialis m.(노쪽손목굽힘근) 12. Anconeus m.(m. epcondyl ocubitalis(팔꿈치근) 13. Flexor antibrachii lateralis profunds m.(깊은앞쪽팔굽힘근) 14. Flexor antibrachii lateralis superficialis m.(얕은앞발목굽힘근) 15. Caput laterale m.(triceps brachii)(외축세갈래근) 16. Caput scapulae m.(triceps brachii)(견갑세갈래근) 17. Caput mediale m.(triceps brachii)(내측세갈래근) 18. Obliqus internus m.(배속경사근) 19. Obliqus externus m.(배바깥경사근) 20. Longissimus dorsi m.(등최장근) 21. Piriformis m.(좌골구멍근) 22. Intermaxillary m.(위턱사이근) 23. Temporalis m.(관자근) 24. Depressor mandibular m.(하악내림근) 25. Retoractor scapulae anterior m.(뒤능형근의 전견갑후견근) 26. Retoractor scapulae posterior m.(뒤능형근의 후견갈골후견근) 27. Adductor Ⅱ longus m.(긴손가락모음근) 28. Extensor digitorum communis logus m.(장총지신근) 29. Extensor carpiulnaris m.(자골손목펴짐근) 30. Pectoralis abdominalis m.(배가슴근) 31. Iliolumbaris m.(엉덩허리근) 32. Coccygeoiliacus m.(꼬리엉덩근) 33. Coccygeosacralis m.(꼬리엉치근) 34. Glustacus m.(볼기근) 35. Rectus fermoris m.(넙적다리곧은근) 36. Vastus internus m.(넙적다리안쪽넓은근) 37. Vastus externus m.(넙적다리바깥쪽넓은근) 38. Ilioflbularis m.(비장골근) 39. Tibialis posticus m.(뒤정강근) 40. Tibialis anticus m.(앞정강근) 41. Achilles tendon m.(아키레스힘줄) 42. Peroneus m.(종아리근) 43. Gastrocnemis m.(장딴지근) 44. Rectus internus minor m.(작은곧은속근) 45. Semimembranous m.(반막모양근) 46. Levator scapularis inferior m.(아래어깨올림근) 47. Serratus medius m.(가운데톱니근) 48. Serratus inferior m.(아래톱니근) 49. Serratus superior m.(위톱니근)

[그림 18.1] 개구리의 근육(등쪽 면)

5) 두부에 속하는 근육(배쪽에서 본 근육)

근육의 명칭	이는 곳	닿는 곳	기능
뒤하악골사이근 Mylohyoid(posterior intermandibular) m.	하악의 상중앙 표면	하악의 중앙선	구저(口底)를 올린다.
앞쪽하악골사이근 Submental m. (전하악간근)(Anterior intermandibular) m.	하악(아래턱)	하악	아래턱의 양반을 접근
내측턱끝걸골근 Medial geniohyoid m. (설골설근) (Hyoglossus)	설골(舌骨)	혀	혀의 신축
외측턱끝설골근 Lateral geniohoyoid m.	아래턱의 끝과 둘레	설골	아래턱을 내리고 설골을 올린다.

6) 동체에 속하는 근육(배쪽 면에서 본 근육)

근육의 명칭	이는 곳	닿는 곳	기능
배속경사근 Internal oblique m.	장골과 추골	검상돌기와 백선	호흡운동 복벽의 긴장
흉요골근 Sternoradialis m.	흉골	요척골	팔, 위를 내밀고 당긴다.
피부흉근 Cutaneous pecto-ralis m.	칼돌기 직근초	흉골의 배족피부	하설골부분에 있는 피부의 긴장
흉근(가슴근) Pectoralis m.	중앙오훼골, 상오훼골의 직근초나 측근초	상완골	파의 내전과 굴신 및 회전
배곧은근 Rectus abdominis m.	치골결합 (pubic sympysis)	칼돌기	흉골의 내림 (depressor)

7) 앞다리에 속하는 근육(배쪽 면에서 본 근육)

근육의 명칭	이는 곳	닿는 곳	기능
발가락굽힘근 Flexor digitorum m.	상완골	지지(指趾)의 근막	손가락 발가락의 굽힘
요골척골굽힘근 Flexor carpi ulnaris m.	상완골	손목과 손가락의 배쪽면	손목과 손의 굽힘

8) 뒷다리에 속하는 근육(배쪽에서 본 근육)

근육의 명칭	이는 곳	닿는 곳	기능
치골근 Pectineus m.	좌골과 치골	대퇴골	대퇴의 굽힘과 내전
짧은모음근(짧은내향근) Adductior brevis m.	치골	대퇴골	대퇴의 내전
긴모음근(긴내향근) Adductior longus m.	치골	대퇴골	대퇴의 내전
앞쪽긴종아리근 Tibialis anticus longus m.	대퇴골	근골(calcaneum) 거골(astragalus)	발의 뻗음과 부골의 굽힘
뒤쪽종아리근 Posterior tibial m.	경비골(tibio fibula) (정강-종아리뼈)	부골(tarsals)	발목의 버팀과 부골의 굽힘
작은두덩정강근 Gracilis minor m. (Rectus internus minor: 작은곧은속근)	치골결합	경비골의 기부끝 (기저단)	무릎의 굽힘과 대퇴의 뻗음
큰두덩정강근 Gracilis major (Rectus internus minor: 큰곧은속근)	치골결합	경비골의 기분끝	무릎의 굽힘과 대퇴의 뻗음

II. 골격계(Skeletal System)

골격은 몸의 중추를 이루는 중추골격(몸통골격: axial skeleton), 내장골격(visceral skeleton), 사지골격(appendicular skeleton)으로 나눈다.

중추골격은 두개골(skull)과 척추(vertebral column), 늑골·흉골로, 사지골격은 팔뼈대(anterior appendicular skeleton)와 다리뼈대(posterior appendicular skeleton)로, 내장골격은 인두궁에서 형성되는 골격으로 악골, 설골, 아가미궁과 후두골격 등으로 구성된다.

[1] 척추골(vertebrae)

척추골은 10개로 구성되고, 제1추골과 제10추골을 제외하고는 모두 가로돌기(transverse process)가 있고, 척추골은 9개이며 맨 끝에 있는 한 개는 꼬리끝뼈(미단골: urostyle)이다.

① 척추골 : 중심부에 척추몸통(椎體: centrum)이 있고, 그 앞면은 오목한(凹) 면을 이루고 뒷면은 볼록한(凸) 면을 이루고 있어 서로 관절을 이루고 있다. 오목한 앞면을 관절면(articular surface)이라 하고, 볼록한 뒷면을 관절융기(關節顆: condyle)라 한다.

② 척추사이연골(Intervrtebral cartilage) : 추체의 앞, 뒤 양면에 있다.

③ 척추중(척추뼈꼬리: Neural arch) : 척추궁(vrtebral arch)이라고도 하며, 큰 구멍(foramen magnum)의 등쪽은 활모양(弓狀)으로 되어 있다.

④ 척추관(Neural cannal) : 각 척추골의 구멍이 서로 연결되어 관(管)을 형성하여 척수(spinal cord)가 들어간다.

⑤ 가로돌기(Transverse process) : 척추궁의 좌우 외측에서 돌출하여 그의 끝이 연골로 되었고, 제1・2척추골 앞쪽에, 제3척추골은 좌우 바깥을 향하여 있고 제4・5・6의 척추골의 것은 약간 뒤쪽을 향하여 있고, 제7・8・9의 것은 아주 바깥쪽을 향하여 있다.

⑥ 가시돌기(Spinous process) : 척추궁의 등쪽 면 정중선에 있는 한 줄의 돌기로 가시모양(棘狀)을 이루고 있다.

⑦ 관절돌기(Articular process) : 척추궁의 등쪽 좌우에 짝을 이루고 있으며, 각 척추골을 서로 관절하는 것으로 앞쪽을 향한 것을 앞관절돌기(posterior articular process), 또 뒤쪽을 향한 것을 뒤관절돌기(anterior articular process)라 부른다. 전후관절돌기의 관절면은 평평하다.

⑧ 척추사이구멍(Intervertebral foramen) : 척추를 등쪽에서 보면 각 척추골 사이에 약간 큰 구멍이 있다.

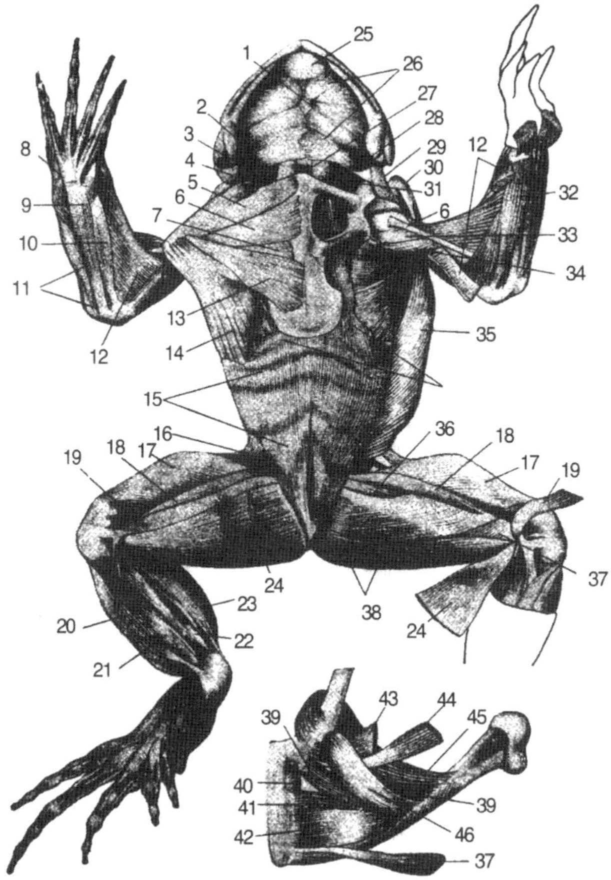

1. Hyoglossus m.(설골혀근) 2. Masseter major m.(큰교근) 3. Masseter minor m.(작은교근) 4. Depressor mandibular m.(아래턱내림근) 5. Deltoid m.(삼각근) 6. Sternoradialis m.(흉골요골근) 7. Pectoral sternalis anterior m.(앞쪽흉근) 8. Extensor carpi ulnaris m.(요골척골펴짐근) 9. Extensor digitorum communis longus m.(공통긴발가락펴짐근) 10. Abductor indicuis Ⅱ longus m.(제 2지장내향근) 11. Epicondylocubitalis m.(팔꿉치근) 12. Flexor carpi radialis m.(노뼈쪽손목굽힘근) 13. Pectoral sternalis posterior m.(뒤가슴근) 14. Pectoral abdominalis m.(배바깥경사근) 15. Rectus superior m.(배곧은근) 16. Rectus femoris anterior m.(앞곧은근) 17. Vastus internus m.(내측넓은근) 18. Adductor longus m.(긴모음근) 19. Sartorius m.(봉공근) 20. Tibialis anterior m.(앞쪽정강근) 21. Extensor cruris brevis m.(짧은종아리펴짐근) 22. Tibialis posterior m.(뒤쪽정강근) 23. Gastrocnemis m.(장단지근) 24. Rectus internus minor m.(작은속곧은근) 25. Submentalis m.(턱끝아래근) 26. Submaxillaris m.(하악아래근) 27. Geniohyoidus m.(턱끝목뿔근) 28. Omohyoideus m.(어깨목뿔근) 29. Trapezius m.(등세모근) 30. Infraspinatus m.(가시아래근) 31. Sternohyoideus m.(복장목뿔근) 32. Flexor antibrachii medialis m.(중전박굽힘근) 33. Coracobrachilis brevis m.(짧은부리위팔근) 34. Coracobrachilis longus m.(긴부리위팔근) 35. Obliqus externus m.(바깥요골경사근) 36. Pectineus m.(치골근) 37. Semitendinous m.(반힘줄모양근) 38. Semimembranous m.(반막모양근) 39. Iliacus femoris m.(엉덩대퇴근) 40. Obturator internus m.(속폐쇄근) 41. Gemellus m.(쌍둥이근) 42. Quadratus femoris m.(대퇴사각근) 43. Iliofibularis m.(장비골근) 44. Vastus externus m.(외측넓은근) 45. Iliacus internus m.(엉덩허리근) 46. Pyriformis m.(piriformis m.)(좌골구멍근)

[그림 18.2] 개구리의 근육계통(배쪽 면)

1) 척추(vertebrae)의 구성

① 첫째 척추골 : 환추골(atlas)은 다른 척추골과는 구조가 다르다. 가로돌기는 없고, 척추공이 넓으며 척추몸통(椎體)의 앞면 양쪽에 큰 한 쌍의 오목한 면의 관절오목(關筋窩)을 형성하는 두골과 관련된다. 앞관절돌기는 퇴화하고 뒷관절돌기도 극히 작다. 등쪽 가시돌기는 약간 척추궁의 뒤쪽으로 융기한다. 그의 뒤 끝은 작은 관절융기로 된다. 두 번째 척추골의 가시돌기의 앞끝 관절오목과 서로 관절하고 있다.

② 둘째 척추골 : 다른 척추골이 갖는 형태를 갖추고 있으며, 척추몸통의 가시돌기가 잘 발달하여 그의 등쪽모서리(背緣)는 약간 불룩한(凸) 면을 이루고 그 앞 끝의 작은 오목한 면에서 첫째 척추골과 접한다. 앞관절돌기는 작으며, 그 등쪽 면의 관절면은 약간 안쪽으로 향하여 첫째 척추골의 뒷관절돌기와 서로 접하고 뒷관절돌기는 약간 크고 그의 배쪽 면의 관절면은 바깥쪽을 향하고 있다. 가로돌기는 약간 짧으며 편평하고 그 앞끝은 앞 바깥쪽을 향하고 연골부를 가진다.

③ 셋째 척추골 : 셋째 척추골에서 여덟째 척추골까지는 거의 같은 모양을 하고 있으며, 셋째 척추골은 흉골과 연결되어 있어 가시돌기와 뒷관절돌기는 약간 크며 양쪽 관절면도 크다. 가로돌기는 장방형이고 바깥쪽을 향하고 있고 폭도 넓다. 이 앞쪽 끝에 연골부를 가진다.

④ 넷째 척추골 : 막대 모양의 긴 가로돌기를 가지며 그 앞쪽 끝은 바깥쪽을 향하여 있고 연골부를 갖는다. 앞, 뒤 양 관절돌기가 잘 발달하고 약간 큰 관절면을 가지고 있어 셋째 척추골과 다섯째 척추골이 관절하여 있다. 가시돌기는 가늘고 길게 융기하여 발달하고 그의 등쪽 모서리가 된다.

⑤ 아홉째 척추골 : 천골(薦骨: sacrum)이라고도 하며, 그 모양은 여덟째 척추골과는 아주 다르다. 단단하게 발달한 가로돌기가 있으며, 이는 두텁고 편평하고 바깥쪽을 향하여 있으며, 그 앞쪽 끝은 넓고 연골부분으로 되어 있다. 가시돌기 후관기도 없고 척추공은 대단히 좁다.

⑥ 열 번째 척추골 : 미단골(尾骨: urostyle)이라고도 하며, 모양은 가늘고 긴 막대 모양으로 옆이 편평하고 앞끝은 약간 굵으나 뒤쪽 끝은 가늘고 연골로 되어 있다. 앞쪽 끝 배 쪽에 두 개의 관절면이 있어 아홉째 척추골과 관절된다.

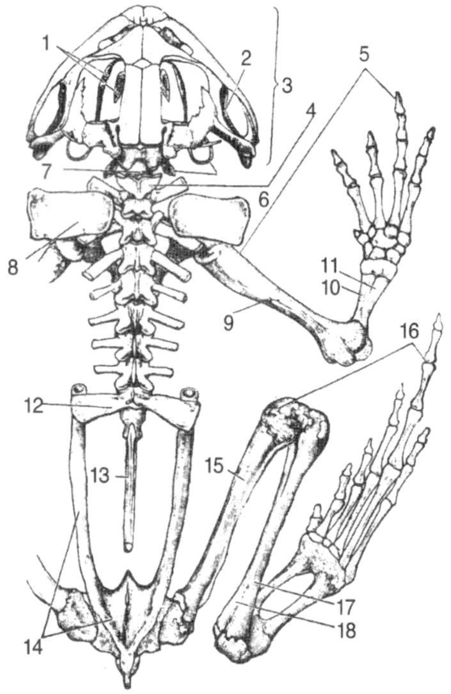

1. Hyoid bone(설골) 2. Mandible(아래턱뼈)
3. Skull(머리뼈) 4. 1st vertebra(첫째척추골)
5. Anterior appendicular bone(앞다리뼈)
6. Hyoid bone(목뿔뼈)
7. Filling substance(진충물)
8. Suprascapula bone(어깨위뼈)
9. Humerus(위팔뼈) 10. Radius(노뼈)
11. Ulna(자뼈) 12. 9th vertebro(아홉번째척추골)
13. Urostyle(미추골) 14. Inonminate bone(무명골)
15. Femur(넙적다리뼈)
16. Posterior appendicular bone(뒷다리뼈)
17. Fibula(종아리뼈) 18. Tibia(정강뼈)

[그림 18.3] 개구리의 전체 골격(등쪽에서 본 것)

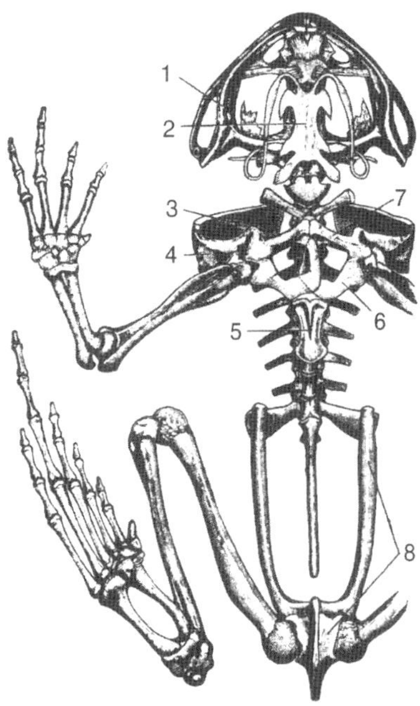

1. Mandible(아래턱뼈) 2. Hyoid bone(목뿔뼈)
3. Suprascapula(어깨위뼈) 4. Scapula(어깨뼈)
5. Sternum(복장뼈) 6. Coracoid(오훼골)
7. Clavicle(빗장뼈) 8. Inonommate bone(무명골)

[그림 18.4] 개구리의 전체 골격(배쪽에서 본 것)

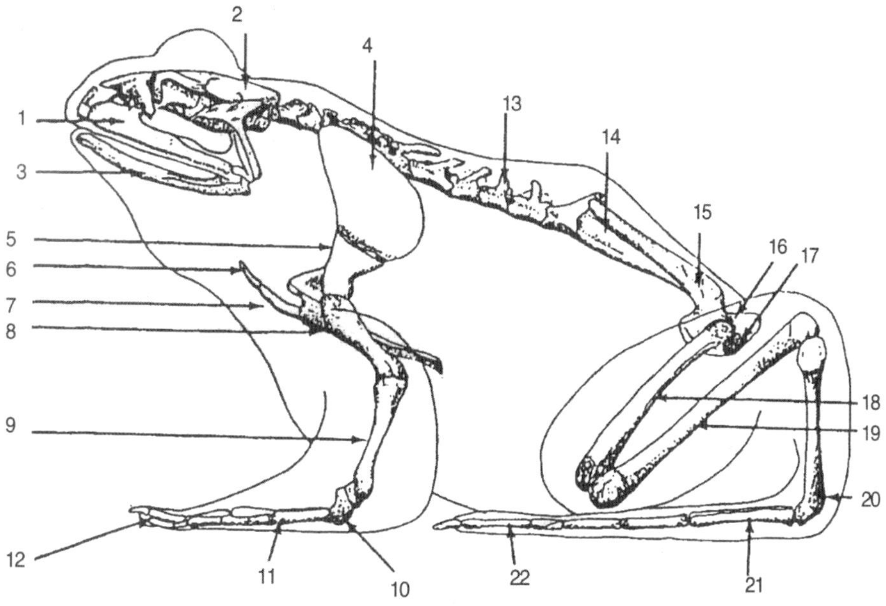

1. Maxilla(위턱뼈) 2. Frontoparietal bone(이마마루뼈) 3. Dentary bone(치아골) 4. Suprascapula(어깨위뼈) 5. Scapula(어깨뼈) 6. Episternum(복장위뼈) 7. Omosternum(어깨복장뼈) 8. Humerus(위팔뼈) 9. Radio-Ulna(노자뼈) 10. Carpal bones(손목뼈) 11. Metacarpal bones(앞발허리골) 12. Phalanges(손가락뼈) 13. Verterae(척추골) 14. Urostyle(미단골) 15. Ilium(엉덩뼈) 16. Ischium(궁둥뼈) 17. Pubis(두덩뼈) 18. Femur(넙적다리뼈) 19. Tibiofibula(정강종아리뼈) 20. Tarsal bones(발목뼈) 21. Metabarsal bones(발바닥뼈) 22. Phalanges(발가락뼈)

[그림 18.5] 개구리의 전체 골격(옆면에서 본 것)

2) 척추(vertebrae)의 구성

① 위팔뼈(Humerus) : 관절오목(關節窩)에서 흉대에 접속하는 긴 뼈로 그 기단(起端)은 큰 관절융기가 있어 이것을 상완소두(上腕小頭: small head of humerus)라 한다.

② 삼각융기(Crista deltoid) : 상완두는 기단에서 상박골의 내측연을 따라 긴 삼각형의 큰 돌기가 있는데 수컷은 잘 발달되었다.

③ 중앙융기(Crista medialis) : 암컷에서는 잘 발달되자 않았으나, 수컷에서는 상완골의 뒤쪽 가장자리를 따라 볼 수 있는 편평한 큰 융기가 있다.

④ 외측융기(Outer lateral ridge) : 상완골 소두의 뒤쪽 가장자리에 융기가 있다.

⑤ 전완골(Antibrachii) : 요척골(橈尺骨, radioulna)이라고도 부르며, 상완골의 앞쪽에 관절하는 긴 뼈로 편평하고 요골(노뼈, 撓骨)과 척골(자뼈, 尺骨)이 유착된 것으로 길이로 된 두 개의 뼈가 구별된다.

⑥ 노뼈(撓骨, Radius) : 안쪽에 위치하고, 그 시작은 가늘고 끝으로 갈수록 굵다.

⑦ 자뼈(尺骨, Ulna) : 바깥쪽에 위치하고, 그 시작은 넓어져 상완골 관절융기와의 관절오목의 대부분을 형성하여 상완소두를 뒤쪽에서 싸고, 그 끝은 요골보다 약간 가늘고 또한 관절오목을 형성한다.

⑧ 중간고랑(Intermedial groove) : 요척골의 중앙에 있는 길이로 된 홈(縱溝)이다.

⑨ 손앞발목뼈완골(중추골, Carpus) : 요골척골과 지골(손가락뼈, 指骨) 사이에 위치한다. 완골(손목뼈, 腕骨)은 6개의 뼈로 되고 세 개씩 두줄로 되어 있다.

⑩ 종자골(Sesamoid bone) : 손목뼈 배쪽면 중앙 모서리에 1개의 쌀알 크기인 편평골이다.

⑪ 노뼈끝완골(Radiate) : 완골 기부의 맨 안쪽 모서리에 한줄로 위치하고, 요골의 말단에 접하는 큰 불규칙한 장방형의 뼈로 복면에 유상돌기(瘤狀突起)가 있다.

⑫ 자뼈끝완골(Ulnare) : 완골 기부의 맨 바깥쪽 모서리에 한줄로 위치하고, 척골의 끝에 접하는 방형(方形)의 작은 뼈로 배쪽 앞에 곤봉 모양의 돌기가 있다.

⑬ 중간뼈(Intermedium) : 요골끝완골과 척골끝완골 사이에 위치하고, 방형(方形)의 뼈로 배쪽면은 편평하다.

⑭ 제1소완골(Carpale prinum) : 제1손가락의 장골 기단과 요골끝완골의 맨 안쪽 끝 사이에 있는 작은 뼈이다.

⑮ 제2소완골(Carpale secundum) : 제2손가락의 장골 기단과 척골끝완골의 끝과 관절하여 있는 작은 뼈이다.

⑯ 제3, 제4, 제5소완골(Carpale tertum, quartum, qunitum) : 각 완골(앞발목뼈)과 연접하는 뼈로서 제1・2・3・4・5소완골과도 관절하고 있다.

⑰ 손허리뼈(장골, Metacarpus) : 각 소완골과 관절하는 뼈로서 제1・2・3・4・5소완골과도 관절하고 있다. 제1장골은 극히 작고, 제2장골은 길며 수컷에서는 그의 등안쪽에 작은 종자골이 고착되어 융기를 형성한다. 제2・3・4・5장골은 거의 같은 길이다.

⑱ 손가락뼈(Phalanges digitorum manus) : 장골과 함께 각 손가락을 형성하는 뼈로, 제1손가락은 없고 제2, 제3손가락(指)은 두 개의 골편으로 되고 제4, 제5손가락은 세 개의 골편으로 되어 있다.

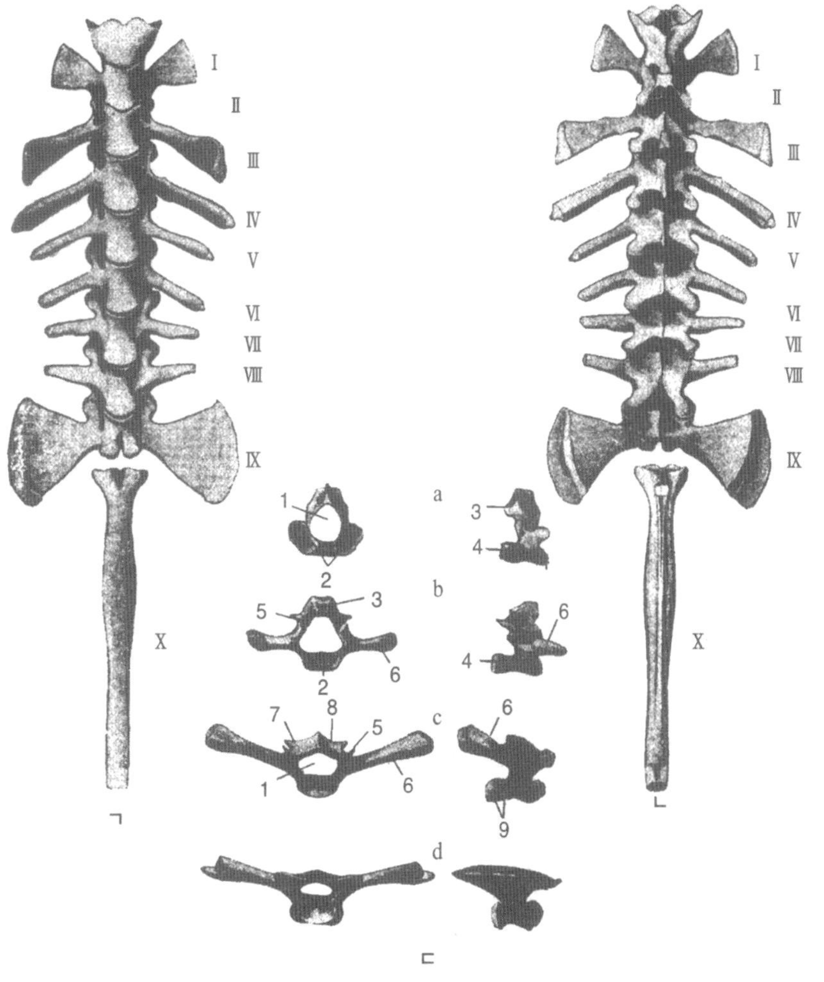

ㄱ. 척추골의 배쪽면 ㄴ. 척추골의 등쪽면 ㄷ. 각 부분의 척추골(왼쪽 : 앞쪽에서 본 것. 오른쪽 : 옆면에서 본 것)

a. 제 1척추골 b. 제 2척추골 c. 제 3척추골 d. 제 9척추골

ㄱ. (배쪽면) ㄴ. (등쪽면) ㄷ. 추골

1. Frist vertebra(제 1척추골) 2. second vertebra(제 2척추골) 3. Third vertebra(제 3척추골) 4. Fourth vertebra(제 4척추골) 5. Fifth vertebra(제 5척추골) 6. Sixth vertebra(제 6척추골) 7. Seventh vertebra(제 7척추골) 8. Eighth vertebra(제 8척추골) 9. Nineth vertebra(제 9척추골) 10. Tenth vertebra(제 10척추골)

[그림 18.6] 개구리의 척추골

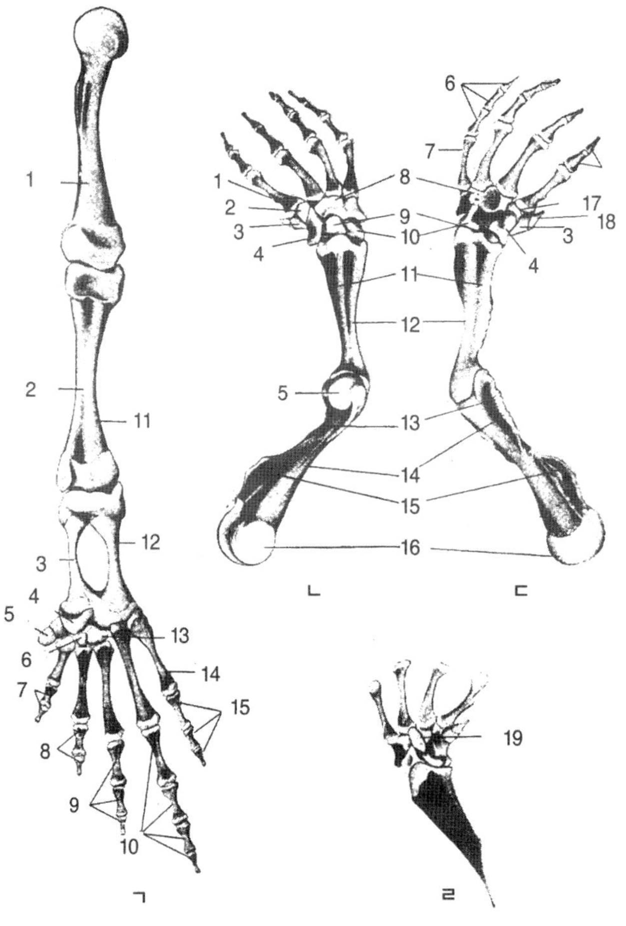

ㄱ. 뒷 발가락 뼈　　ㄴ~ㄹ. 앞 손(발)가락 뼈

ㄱ. Posterterior appendicular bones(뒷발가락뼈)

1. Femur(넙적다리뼈) 2. Tibia(정강뼈) 3. Os. ibiale(정강쪽중간뼈) 4. Os intermedium(중간뼈) 5. Prechalux(번외지) 6. 1st tarsus(첫번째발목뼈) 7. 1st phalanges digitorum(제 1발(손)가락뼈) 8. 2nd phalanges digitorum(제 2발(손)가락뼈) 9. 3rd phalanges digitorum(제 3발(손)가락뼈) 10. 4th phalanges digitorum(제 4발(손)가락뼈) 11. Fibula(종아리뼈) 12. Os. fibula(종아리쪽중간뼈) 13. 2nd, 3rd tarsale(제 2, 3 작은발목뼈) 14. Metatarsus(발허리뼈) 15. 5th phalanges digitorum pedis(제 5발(손)가락뼈)

ㄴ~ㄹ. anterior appendicular(앞손가락뼈)

1. Sesamoidum(종자융기) 2. 2nd carpus(두번째손목뼈) 3. 1st carpus(첫번째손목뼈) 4. Os radiale(요골끝완골) 5. Small head of humerus(상완소두) 6. 5th phalanges(제 5손(발)가락뼈) 7. 5rh metacarpus(다섯째앞발허리) 8. 3th, 4th, 5th carpus(셋째, 넷째, 다섯째, 작은 앞발목뼈) 9. Os intermedium(중간뼈) 10. Os. ulnare(척골끝완골) 11. Radius(노뼈) 12. Ulna(자뼈) 13. Crista medialis(중앙융기) 14. Humerus(위팔뼈) 15. Crista deltoid(삼각융기) 16. Head of humerus(위팔뼈머리) 17. 2nd phalanges digitorim manus(제 2손(발)가락뼈) 18. 1st phalanges digitorim manus(제 1손(발)가락뼈) 19. Sesamoid bond(종자골)

[그림 18.7] 개구리의 발가락 뼈

3) 다리뼈(posterior appendiculor bones)

① 넙다리뼈(대퇴골, 넓적다리뼈, Femur) : 볼기뼈절구(寬骨臼)에 관접(關接)하는 뒷다리(後肢) 중 가장 큰 뼈로 양 끝은 큰 관절면을 형성한다. 그 기단(基端)은 대단히 큰데, 이것을 넙다리뼈머리(대퇴두, head of femur)라 한다. 그 말단은 긴 원형으로 중앙이 오목하게 되고, 주위는 융기되고 내・외 두 부분으로 구별된다. 내부를 안쪽관절융기(내과(內顆), medial condyle) 외부를 바깥쪽관절융기(外顆, lateral condyle)라 한다.

② 종아리뼈(Cruris) : 넙다리뼈(대퇴골)에 연결되는 긴 뼈로 두 개의 뼈가 합친다. 이 뼈를 종주(縱走)하는 사이고랑(間溝, intermedial groove)을 경계로 하여 안쪽의 뼈를 정강뼈(경골(脛骨), tibia), 바깥쪽을 종아리뼈(비골(腓骨), fibula)라 부른다. 어느 것이나 기단과 끝은 장방형이다.

③ 발목뼈(Tarsus) : 경골과 비골에 관절하고 있는 뼈로 다섯 개로 되어 있다. 그 중 두 개는 크고 다른 세 개는 작다. 큰 쪽은 유착되어 경비골(정강종아리뼈)에 직접 관절되어 있고, 그 양 끝은 접착되어 중간은 타원형의 빈곳이 된다. 두 개의 속경골 끝에 접하고 있는 것을 경골끝부골(정강쪽뒤발목뼈, 脛骨端跗骨, tibia) 또는 목발뼈비골 말단에 접한 것을 비골끝부골(腓骨端跗骨, fibula) 또는 근골(跟骨, calcaneus)이라 부르고, 이 양 끝이 합쳐지고 다른 세 개의 부골은 이것에 거의 한 줄로 되어 부착되어 있다. 안쪽에 있는 것을 간부골(間跗骨, 발목사이뼈, intermedium)이라 하고, 그 바깥쪽에 접하고 있는 것을 제1부골(발목뼈, 1st tarsus), 그 바깥쪽에 있는 것을 제2부골이라 하고 제3부골과 유착되어 있다.

④ 발가락뼈(Phalanges(digitorum pedis)) : 발가락뼈(지골(趾骨))은 짧은 간상골(桿狀骨)로 제1・제2발가락에는 두 개, 제3・제5지에는 세 개, 제4지에는 네 개의 발가락으로 되어 있다. 번외지(번외발가락, prechalux)는 대단히 짧고, 어느 것이나 끝은 짧고 가늘다.

4) 팔이음뼈(pectoral girdle)

① 위어깨뼈(Supra scapula) : 흉대(팔이음뼈)의 등쪽 면에 있는 편평하고 짧은 뼈로 그 뒤 모서리는 연골로 되어 있다. 그 외 등쪽모서리는 제3척추골의 가로돌기와 등쪽에서 겹쳐진다.

② 어깨뼈(Scapula) : 흉대의 옆면에 있어 상견갑골(위어깨뼈) 바깥 가장자리 연골부에

서 연속된다. 그 돌출부는 전지골의 관절오목의 등쪽벽을 형성한다.

③ 부리골(Coracoid) : 앞끝은 쇄골(鎖骨, 빗장뼈)에 관절하고 또 관절오목(關節窩)의 뒤쪽 부분을 대부분 형성하여 흉대의 뒤쪽모서리(後緣)을 형성하는 견고한 뼈이다.

④ 위부리뼈(Epicoracoid) : 쇄골과 오훼골(부리뼈)의 안쪽끝을 연접하는 굽은 연골로 좌우의 것은 등쪽과 배쪽에 겹치고 우측의 것은 배쪽면, 좌측의 것은 등쪽면에 위치한다.

⑤ 빗장뼈(Clavicle) : 흉대의 앞쪽에 있는 가늘고 긴 뼈로 바깥끝(外端)은 약간 굵고 관절오목의 앞쪽 바깥벽을 형성하고, 이 뼈의 뒤쪽 가장자리는 연골로 되어 있다.

⑥ 관절오목(Glenoid) : 떨어지는 진지골과 관절되는 곳으로 세 개의 뼈로 형성되어 있다. 즉 부리뼈, 어깨뼈 및 빗장뼈의 일부이다.

⑦ 복장뼈(Sternum) : 위부리뼈의 위쪽에 있으며 편평한 방패 모양이다. 흉골본체(sternum proper)와 연골부의 칼돌기(xiphisternum) 등으로 된다. 흉골본체의 등쪽면에는 길이로 지나는 융기가 있고, 배쪽면에는 이것에 대응하는 종구(縱溝, 길이 고랑)가 있다.

5) 다리이음뼈(pelvic girdle)

① 다리이음뼈(腰帶) : 요부(腰部)에 후지(後肢)를 관절하는 후지골 관절오목을 형성하는 부분과 좌우 앞쪽 약간 등쪽으로 향한 부분으로 나눈다.

② 엉덩뼈(장골, Ilium) : 앞부분은 막대 모양을 나타내고 좌우 짝을 이루고 있으며, 뒷부분은 정중선에 합착되어 큰 편평한 부분을 형성하여 비구(髀口, 볼기뼈절구)의 앞쪽벽을 형성하고, 배쪽에는 치골(恥骨)이 밀접되어 있다. 장골의 앞끝은 연골부가 있어 제9추골의 가로돌기의 배쪽면에 도달하여 서로 연결되어 있다. 뒷부분은 비구이 앞쪽벽과 등쪽벽(背壁)의 일부를 형성하고, 배쪽의 앞쪽 가장자리는 치골 앞쪽 끝과 함께 돌출부를 형성한다.

③ 볼기뼈절구(비구, Acetabulum) : 후지골의 요대에 관절하는 곳으로 두덩뼈(치골), 엉덩뼈(장골), 궁둥뼈(좌골)의 일부로 형성되어 그의 둘레는 연골로 되어 있다.

④ 궁둥뼈(좌골, Ischium) : 요대 편평부의 뒤쪽가장자리에 있어 치골의 옆모서리와 장골의 뒤쪽가장자리와 접하고 있다. 볼기뼈절구의 뒤쪽벽과 등쪽벽의 일부를 형성하고 그의 등쪽벽에 돌출부가 있다.

⑤ 두덩뼈(치골, Pubis) : 볼기뼈절구의 배쪽벽을 형성하는 편평연골로 밖에서 보면 삼각형을 나타낸다.

6) 목뿔뼈(hyoid bone)

① 목뿔뼈(설골(舌骨)) : 아래턱의 배쪽면에 있는 사각형의 반상(盤狀)의 이것에 부속되는 연골의 돌기가 있다.

② 목뿔뼈몸통(Corpus ossis hyoid) : 설골의 몸통 연골로 되어 있고 4쌍의 돌기를 가진다.

③ 앞돌기(Processus anterior) : 설골몸통의 앞쪽 바깥으로 향한 작은 돌기이다.

④ 뒤돌기(Processus posterior) : 설골몸통의 뒤쪽 바깥으로 나온 작은 돌기이다.

⑤ 앞쪽뿔각(Cornu anterior) : 앞쪽돌기의 기부 앞쪽 가장자리에서 굽은 긴 연골의 돌기로 처음에는 앞쪽으로 뻗은 후 굽어서 앞의 돌기의 바깥쪽을 지나 다시 뒤 바깥쪽으로 굽어서 아래턱의 뒤쪽 바깥 가장자리에 이른다.

⑥ 뒤쪽뿔각(Cornu posterior) : 뒤쪽돌기의 바로 뒤에서 박 옆쪽으로 향한 한쌍의 돌기로 약간 편평하고 그 끝은 연골화되었다.

⑦ 후두기관연골(Cartilage laryngo-trachealis) : 후두와 기관 사이에 있어 몸의 정중선 위에 있는 연골로 그 안쪽면에는 성대가 있다.

[2] 머리뼈(Skull)

두개골의 외곽은 거의 삼각형이고, 그의 주요한 부분은 안와(眼窩, orbit)와 뇌를 보호하는 뼈, 귀를 둘러싸는 뼈, 그리고 콧구멍(비공(鼻孔))을 둘러싸는 뼈 등이다.

1) 등쪽면에서 본 두개골

① 안와(눈오목, Orbit) : 눈을 포함시키는 홈으로 좌우 한쌍이 있다. 그 안쪽벽의 뼈에는 시각신경과 그 외의 신경이 눈과 뇌를 연락하는 구멍이 있다. 즉 그 중 가장 큰 구멍은 제2뇌신경(시각신경) 뒤쪽에 있고, 또 그 뒤쪽에 있는 큰 구멍은 제5뇌신경(삼차신경)이 나온다. 이 양 구멍 사이에는 제3신경(동안신경)이 나오는 작은 구멍이 있다. 그 외 안쪽벽의 앞끝 등쪽모서리에 있는 큰 구멍은 제5뇌신경의 가지를 비부(鼻部)로 통하는 곳이다.

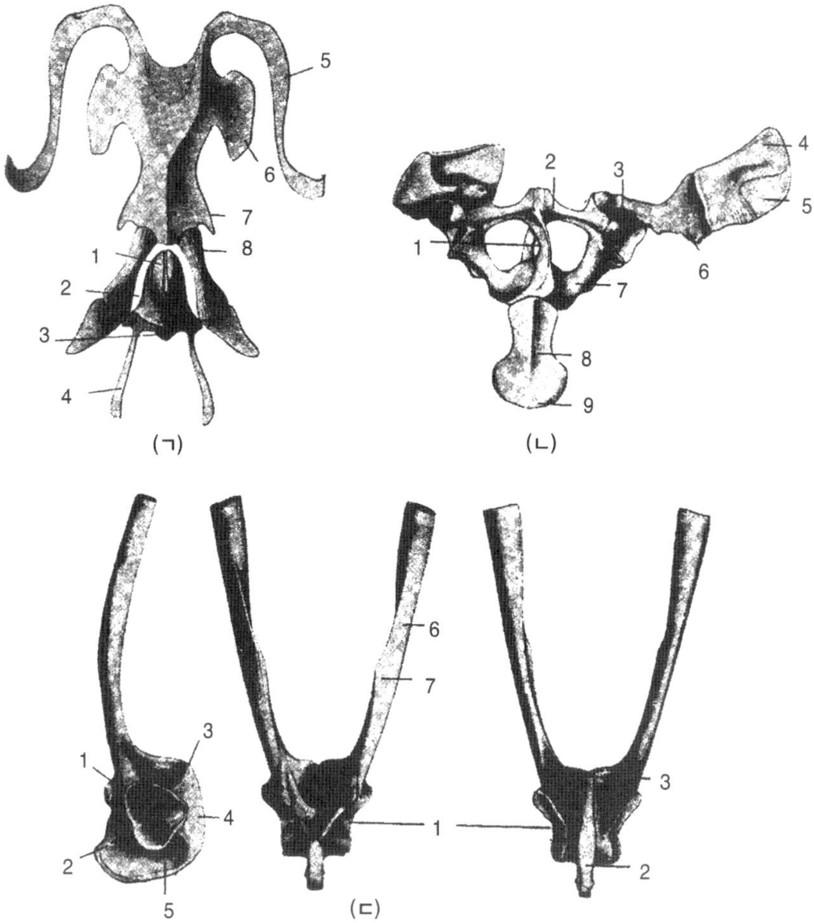

ㄱ. hyoid bone(설골, 혀뼈)

1. Carytenoid cartilage(피열연골) 2. Larynx(후두) 3. cartilage laryngotrac-healis(laryngeal cartilage)(후두연골) 4. Process lung(허파돌기) 5. Cornu anterior(앞쪽뿔원) 6. Process anterior(앞돌기) 7. Process posterior(뒤돌기) 8. Cornu posterior(뒤뿔)

ㄴ. pectoral girdle(가슴이음뼈, 흉대)

1. Supracoracoid(부리위뼈) 2. Clavicle(쇄골) 3. Glenoid fossa(관절오목) 4. Suprascapula(위어깨뼈) 5. Carilage of suprascapula(위어깨뼈연골) 6. Scapula(어깨뼈) 7. Coracoid(부리뼈) 8. Sternum proper(흉골몸통) 9. Xiphoid process(칼돌기)

ㄷ. pelvic girdle(다리이음뼈, 요대)

1. Acetabulum(볼기뼈절구) 2. spina plevis posterior(뒤골반가시) 3. spina pelvis anterior(앞골반가시) 4. Pubis(두덩뼈) 5. Ischium(궁둥뼈) 6. Ilium(엉덩뼈) 7. Crisa iliaca(ilic process)(엉덩뼈능선)

[그림 18.8] 개구리의 설골, 흉대 및 요대의 골격

② 이마마루뼈(전두정골, Frontparietal bone) : 안와 사이에 있어 뇌를 보호하는 장방형을 하고 좌우 한쌍이다. 양 뼈는 두골의 등쪽 정중선에서 봉합되고, 그 바깥모서리는 약간 굽어져 눈오목의 안쪽벽 등쪽모서라를 형성한다.

③ 코뼈(鼻骨, Nasal bone) : 두정골의 앞쪽에 있는 삼각형의 뼈로 한 쌍이다. 이마는 콧구멍의 뒤쪽과 눈오목 안쪽 가장자리를 형성한다. 양 뼈는 두개골 등쪽면의 정중선에서 서로 봉합한다.

④ 위턱앞뼈(Premaxilla) : 상악골(위턱뼈)의 앞 끝에 있는 한 쌍의 뼈로 간아골(intermaxillary)라고 부르며, 모양은 장방형으로 등쪽면아래가장자리(背面下椽)에 작은 돌기가 있어 코뼈앞쪽가장자리(鼻骨前緣)에 접하여 있다.

⑤ 코선반뼈(Turbinatus) : 코뼈를 제거하여 비각(鼻殼)을 보면 연골이 있는데, 그 옆 뒤쪽에 가시처럼 날카로운 돌기가 있는 작은 골편이다.

⑥ 뒤통수뼈(후두골, Occipital bone) : 전두, 두정골의 뒤쪽에 있어 두개골의 뒤쪽끝 중앙부를 형성한다. 이것에 의해 후두큰구멍을 둘러싸고 제1척추골과 접하는 후두관절융기(後頭骨顆, occipital condyle) 한 쌍을 뒤쪽 끝 양쪽 가장자리에 갖고 있다.

⑦ 전이골(Prootic) : 전두(이마뼈), 두정골(마루뼈), 후두골(뒤통수뼈)과 관절하여 있고, 그 바깥쪽으로 뻗어 눈오목의 뒤등쪽의 일부를 형성하는 짧고 단단한 뼈이다. 그 이외 앞쪽 가장자리는 연골로써 인골(비늘뼈)에 접하고 있다.

⑧ 인골(鱗骨, 비늘뼈, Squamosal bone) : 눈오목의 뒤쪽등쪽가장자리에 있는 뼈로 전이골의 바깥 끝에 관절하여 있고, 그 앞끝은 바깥쪽으로 뻗어 날카롭게 또 뒤끝은 방액골(方軛骨)에 관절하고 있다.

⑨ 고막고리(Tympanic annulus) : 인골의 바깥쪽에 부착하는 고리모양의 연골로 그 위에 고막이 있다.

⑩ 위턱뼈(Maxilla) : 위턱의 주체가 되는 부분으로 전악골의 뒤쪽 끝에 관절하여 활모양을 이루고 있는 위턱(상악(上顎))의 바깥 가장자리를 형성한다.

⑪ 날개뼈(익상골(翼狀骨), Pterygoid bone) : 상악골(위턱뼈) 중앙에서 뒤쪽으로 뻗어서 주로 안와(눈오목)의 바깥가장자리를 형성한다.

⑫ 방액골(Quadratojugal bone) : 상악골의 뒤 끝에 있어 그의 뒤쪽은 인골을 형성한다.

2) 배쪽면에서 본 두개골

등쪽면에서 보이는 전악골, 상악골, 인골, 익(상)골, 후두골 등이 배쪽면에서도 보이는데, 특히 날개뼈(익골)가 뒤쪽에서 두 번 교차되어 거꾸로 된 Y자 모양을 띠고 있고, 또 후두골관절융기(後頭骨顆)가 뚜렷하게 보인다.

① 서골(鋤骨, 보습뼈, Vomer) : 비골 연골을 제거하였을 때 보이며 전악골과 구개골 사이에서 옆쪽으로 돌출한 가시가 있는 얇은 편평한 뼈이다. 두꺼비속에서는 서골치아(鋤骨齒牙)를 갖지 않으나, 다른 종들은 황색의 작은치아(小齒)가 횡렬된 서골치아판(鋤骨齒牙板)이 그 배쪽면에 있다.

② 입천장뼈(口蓋骨, Palatine bone) : 서골 뒤쪽 그 바깥쪽끝은 양상악골의 배쪽면에 접하고, 그 안쪽끝은 전두, 두정골의 배쪽면의 앞쪽에서 근접된다. 옆으로 지나는 막대 모양의 한쌍의 뼈로 안와의 배쪽면의 앞모서리를 보호한다.

③ 접형사골(蝶形篩骨, 나비벌집뼈, Sphenoeth moid bone) : 짧은 모양으로 눈오목 안쪽벽의 앞부분을 형성하여 등앞쪽과 양 옆쪽으로 뻗어 비골과 전두, 두골 앞쪽의 배쪽면에 있다.

④ 부접형골(Parasphenoid bone) : 전두, 두정골의 복면에 위치하는 것으로 그의 앞쪽끝은 접형사골의 배쪽면에서 겹치고, 뒤쪽으로 뻗어 좌우로 갈라져서 십자(十)자 모양을 나타낸다.

⑤ 원추돌기(Processus styloideus) : 긴 연골돌기로 전이골의 복면 바깥 모퉁이에서 생겨, 도중에 방형액골(방형액골)의 연골부와 연결되었다가 뒤에 다시 떨어져 그의 배쪽면으로 나간다.

⑥ 이내소주골(二內小柱骨, Columella auris) : 소청골(小聽骨)이라고도 부르며 고막고리(annules tympanics)의 등바깥쪽모서리에서 등바깥쪽으로 돌출한다. 그 바깥끝(外端)은 고막고리의 중앙부에서 끝나며, 또한 가늘고 길며 안쪽끝은 약간 굵어져 짧고 작은 막대 모양의 뼈로 고막과 내이(속귀)를 연결한다. 이내소주골은 세 부분으로 구별되는데, 기본부분(基部)은 고막고리의 바깥등쪽모서리를 거쳐 밀접된 단단한 부분이고, 중간부분(中間部)은 기본부분에서 뻗은 가느다란 부분으로 언제나 화골(化骨)이 되었고, 바깥끝부분은 편평한 연골이다. 고막의 진동은 이것을 매개로 하여 내고막연골을 거쳐 내이(속귀)에 전달된다.

⑦ 하악골(Mandible) : 연골과 경골로 구성되고 활 모양을 하고 있으며, 좌우로 짝을 이루고 있다.

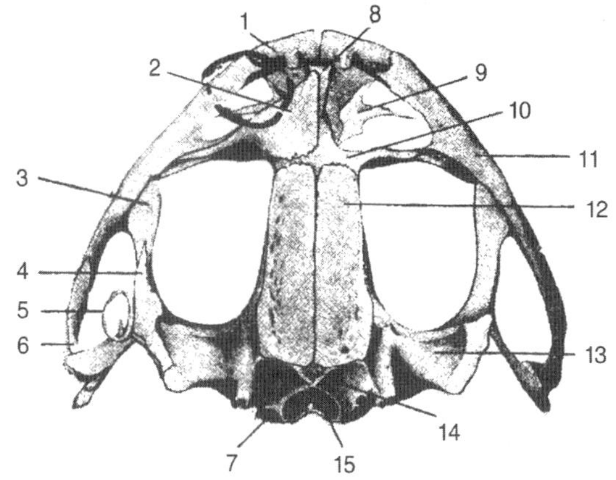

ㄱ. 두개골의 등쪽면

1. Premaxilla(앞위턱뼈) 2. Nasal bone(코뼈)
3. Pterygoid bone(날개뼈)
4. Squamosal bone(비늘뼈)
5. annulus tympanicus(고막고리)
6. Quadratojugale(방액골)
7. Occipital condyle(후두골관절융기)
8. Os turbinatum(비갑개골) 9. Vomer(서골)
10. Sphenoethmoid bone(접형사골)
11. Maxilla(위턱뼈)
12. Frontoparietal bone(전두정골)
13. Prootic bone(전이골)
14. Occipital bone(뒤통수골)
15. Foramen magnum(후두큰구멍)

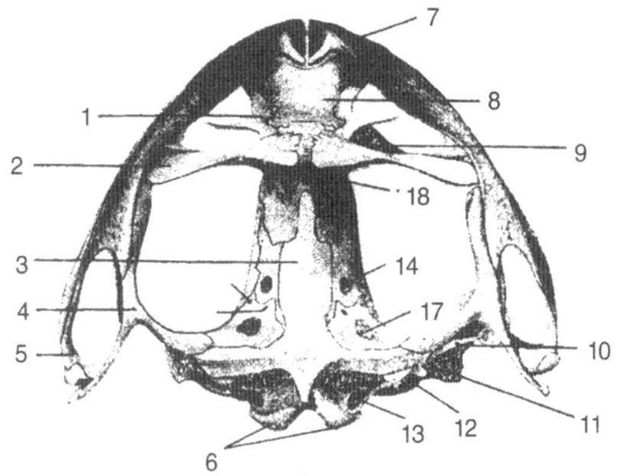

ㄴ. 두개골 배쪽면

1. Vomer(서골) 2. Palatine bone(구개골)
3. Parasphenoid bone(부접형골)
4. Pterygoid bone(익골)
5. Quadratojugale(방액골)
6. Occipital condyle(후두골관절융기)
7. Premaxilla(앞상악골) 8. Cartilagenous part of vomer(서골연골부위) 9. Nasal bone(코뼈)
10. Coumella(중축골) 11. Prootic bone(전이골)
12. Stapes(등골) 13. Nervous pit(신경구멍)
14. 2nd nerve foramen(제 2뇌신경구멍)
15. 3rd nerve formen(제 3뇌신경구멍)
16. 4th nerve formen(제 4뇌신경구멍)
17. 5th, 7th nerve formen(제 5, 제 7뇌신경구멍)

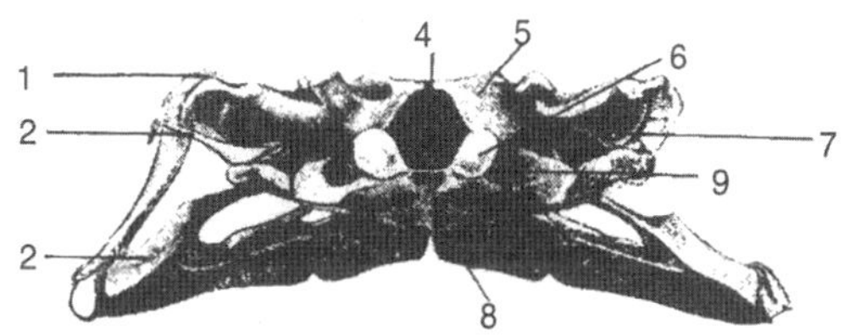

ㄷ. 뒤쪽에서 본 두개골

1. Squamosal bone(비늘뼈)
2. Pterygoid bone(중추골)
3. Pterygoid bone(익골
4. Formen magnum(후두큰구멍)
5. Exoccipital bone(바깥후두골)
6. Occipital condyle(후두골관절융기)
7. Prootic bone(전이골)
8. Parasphenoid bone(부접형

ㄱ. 등쪽에서 본것 ㄴ. 배쪽에서 본 것 ㄷ. 뒤쪽에서 본것

[그림 18.9] 개구리의 두개골

⑧ 이골(턱끝뼈, Mental bone) : 아래턱의 맨 앞 끝에 있는 한쌍의 작은 뼈로 그 연골부에서 양측의 것이 서로 접합한다.

⑨ 각골(Angular bone) : 우골(偶骨)이라고도 하며 맥켈연골의 내측을 싸고 있고, 그 뒤끝은 약간 크게 되어 있으며, 등쪽모서리(背緣)는 융기되어 있다.

⑩ 치아골(Dentary bone) : 맥켈연골을 밖에서 둘러싼 편평한 긴 뼈이다.

실험보고서

조번호:	이름:
학번:	학과:
실험일자:	제출일자:

1) 외부 형태와 내부 형태를 스케치한 후, 명칭을 표기해 보자.

〈외부관찰〉

〈내부관찰〉

2) 배쪽과 등쪽 중앙에서 제일 큰 근육은 무엇인가?

3) 아킬레스 힘줄은 무슨 근육에 연결되어 있는가?

4) 앞다리를 구성하는 근육들 중에서 굴근과 신근의 기능을 담당하는 근육은 각각 무엇인가?

5) 개구리의 척추는 어떤 뼈들로 구성되어 있는가?

6) 목뼈(경추, 환추)는 무엇과 어떻게 연결되어 있는가?

7) 앞, 다리의 지골(발가락뼈)은 몇 마디로 되어 있으며, 사람의 것과 어떤 차이가 있다고 생각하는가?

8) 머리뼈(두개골) 중 뇌를 덮고 있는 뼈는 어느 것인가?

고 | 찰 | 및 | 소 | 감

19 식물 생식기관의 구조

1 목 적

식물체의 주요 기관인 영양기관과 생식기관에 대해 외부형태학적 특징을 관찰 및 비교함으로써 식물 형태의 다양성을 이해하고자 한다.

2 이 론

생물은 크게 원핵생물계(Monera), 원생생물계(Protista), 균계(Fungi), 식물계(Plantae), 그리고 동물계(Animaia)의 5계(5-kindom system)로 구분한다. 그 중 식물계(植物界, Plantae)는 얼음으로 덮인 북극 툰드라에서부터 밀림의 열대 강우림에 이르기까지 광활한 지역에 걸쳐 살고 있는 수많은 종들로 구성된다. 또한 식물은 크기에 있어서도 거의 현미경적 크기에서부터 매우 거대한 크기에 이르기까지 다양하다. 식물계는 진핵 및 다세포성으로, 세포는 셀룰로오스로 된 두꺼운 세포벽으로 둘러싸여 있고, 세포 내에 액포(vacuole)라고 하는 액체로 충만한 큰 낭을 지니며, 엽록소(chloroplast)를 가지고 광합성을 하여 무기물로부터 유기물을 생산하는 독립영양체들로 이루어져 있다. 식물계는 크게 조류(algae), 선태류(bryophytes), 양치류(ferns), 그리고 종자식물(seed plants)로 구분된다.

[1] 종자식물

종자식물은 물과 무기염류의 통도작용을 하는 목부(xylem)와 양분의 통도에 관여하는 사부(phloem)로 이루어진 발달된 유관속(vascular bundle)을 가지고, 생식기관으로서 꽃을 가지며, 종자를 맺어 번식하므로 현화식물(flowering plants) 또는 종자식물이라 한다. 이들은 한 개의 종자가 백만 개의 포자보다도 많은 식물개체를 만들어 내기 때문에 포자에 의한 번식에 비해 생식적으로 우세하여 현재 지구상의 대부분의 식물종을 차지한다. 종자식물은 또한 이형포자성(heterosporous)으로서 자성배우체로 발달하는 대포자와 웅성배우체로 발달하는 소포자의 두 종류의 포자를 생산하며, 포자체(이배체) 세대와 배우체(반수체) 세대가 교대되는 세대교번을 하는데, 다른 식물에 비해 배우체 세대가 매우 짧다. 종자식물은 종자가 나출되어 있느냐, 자방에 싸여 있느냐에 따라 나자식물과 피자식물로 다시 구분한다.

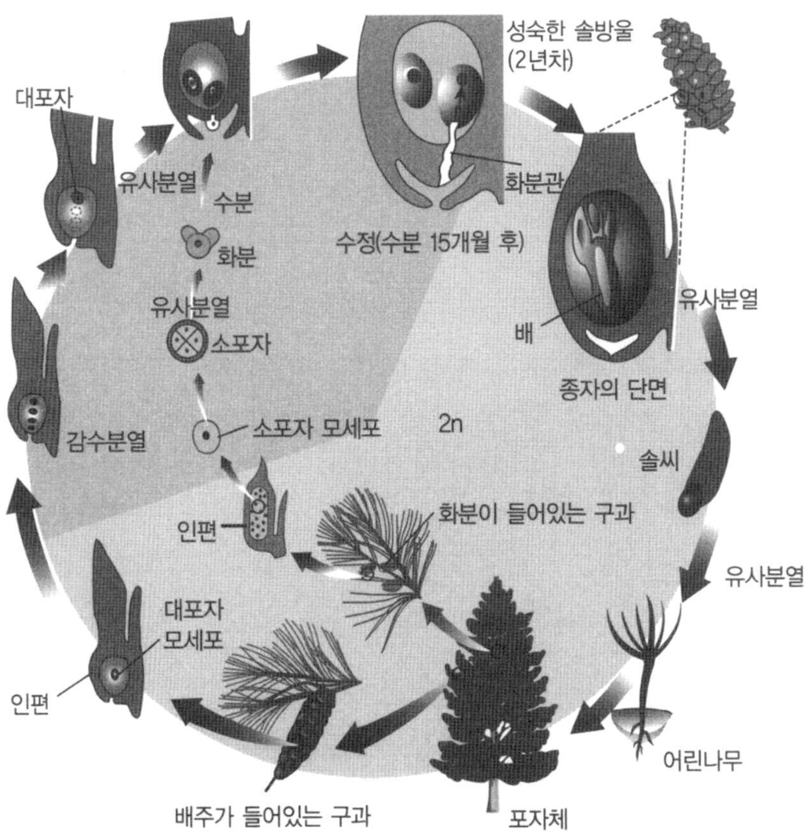

[그림 19.1] 나자식물(소나무)의 생활사

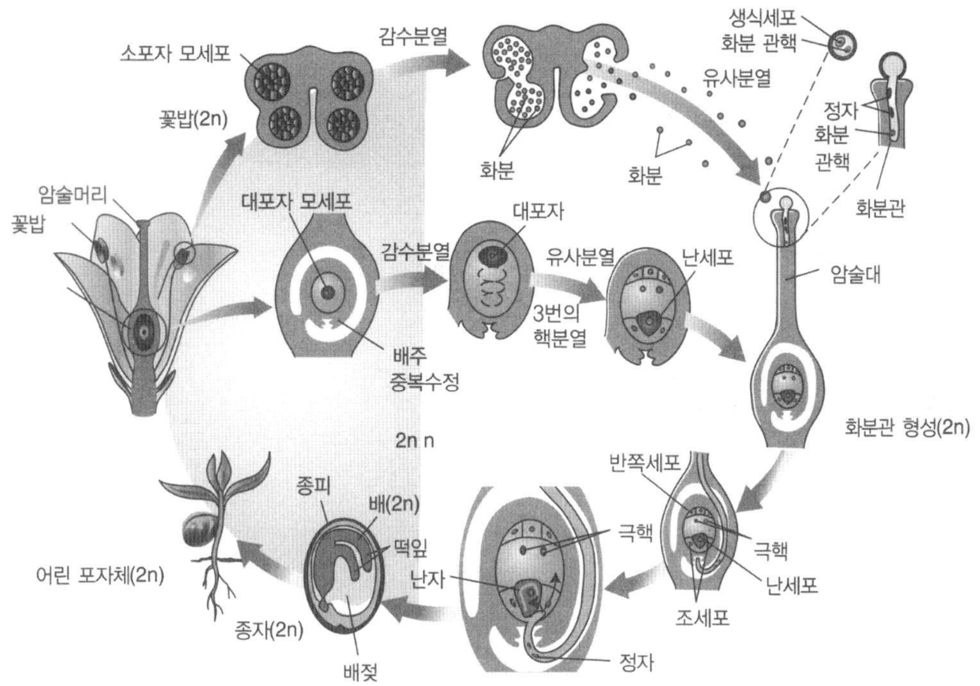

[그림 19.2] 속씨식물의 생활사

나자식물(gymnosperm)은 '나출된 종자'라는 의미의 그리스어로서 종자가 완전히 나출되거나 인편에 종자를 생산한다. 피자식물은 배주가 심피에 싸여 있고 목부에는 도관을 가지며 유성생식에 의해 번식한다. 피자식물의포자체 세대는 크고 우세한데 비해 배우체 세대는 작고 적은 수의 세포로 구성되어 있으며, 중복수정(double fertilization)에 의해 2n의 배(embryo)와 3n(endosperm)의 배유를 생산하는 특징이 있다.

[2] 영양기관(vegetative organ)

1) 잎(leaf)

① 주로 광합성, 호흡 및 증산작용이 활발하게 일어나는 기관이다.

② 엽신(leaf blade)과 엽병(petiole)으로 구성한다.

③ 다양한 엽신의 형태는 종을 동정하는 중요한 형질(잎의 모양, 엽선, 엽저)이 있다.

2) 줄기(stem)

① 식물체의 주축이다.

② 잎을 부착하여 태양에 노출시키며, 뿌리와 잎 사이에서의 물질수송을 위한 연결체의 역할을 한다.

③ 줄기가 특수화되어 다양한 형태로 변형(지하경, 구경, 괴경, 인경 등)한다.

3) 뿌리(root)

① 식물을 고착시키고 물과 무기물을 흡수하는 기능을 한다.

② 원뿌리와 수염뿌리로 크게 구분한다.

[3] 식물의 생식기관

대부분의 쌍떡잎 식물의 꽃잎의 수는 4~5개 또는 그 배수로 정열되어 있고, 외떡잎 식물은 3의 배수로 정열되어 있다. 가장 원시적인 꽃(목련 계통)의 형태는 각각의 부위가 명확히 구분되며 방사대칭이다. 한편, 매우 진화된 꽃에서는 종종 좌우대칭이나 불규칙한 형태도 나타난다. 꽃은 단순히 장식품이 아니라, 꽃의 일부가 종자를 포함하는 열매로 발달하는 과정도 살펴 보고 식물의 생활환에 있어 특히 결정적인 요소인 종자의 산포를 위해서 가기 변형된 종자의 모습을 관찰해 보자.

1) 꽃(flower)

① 피자식물의 생식기관이다.

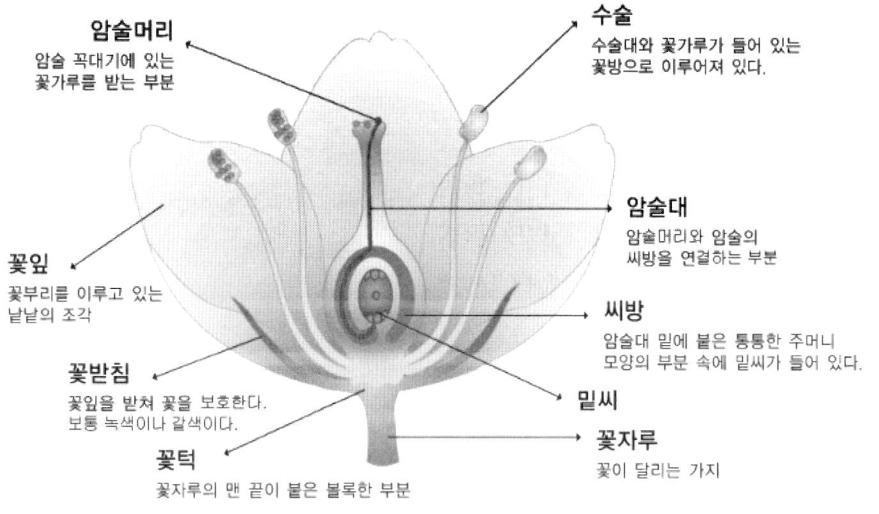

[그림 19.3] 꽃의 구조

② 꽃잎, 꽃받침, 수술, 암술이 있다.

③ 꽃의 다양한 형태는 식물을 분류하는 필요한 형질이다.

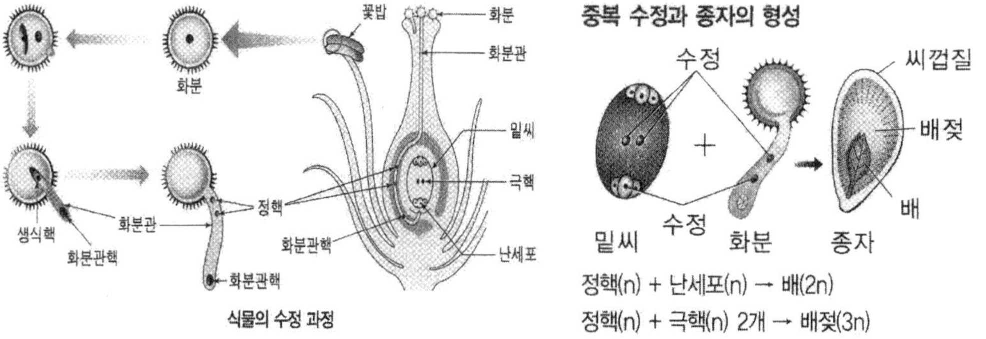

[그림 19.4] 식물의 수정과 종자의 형성

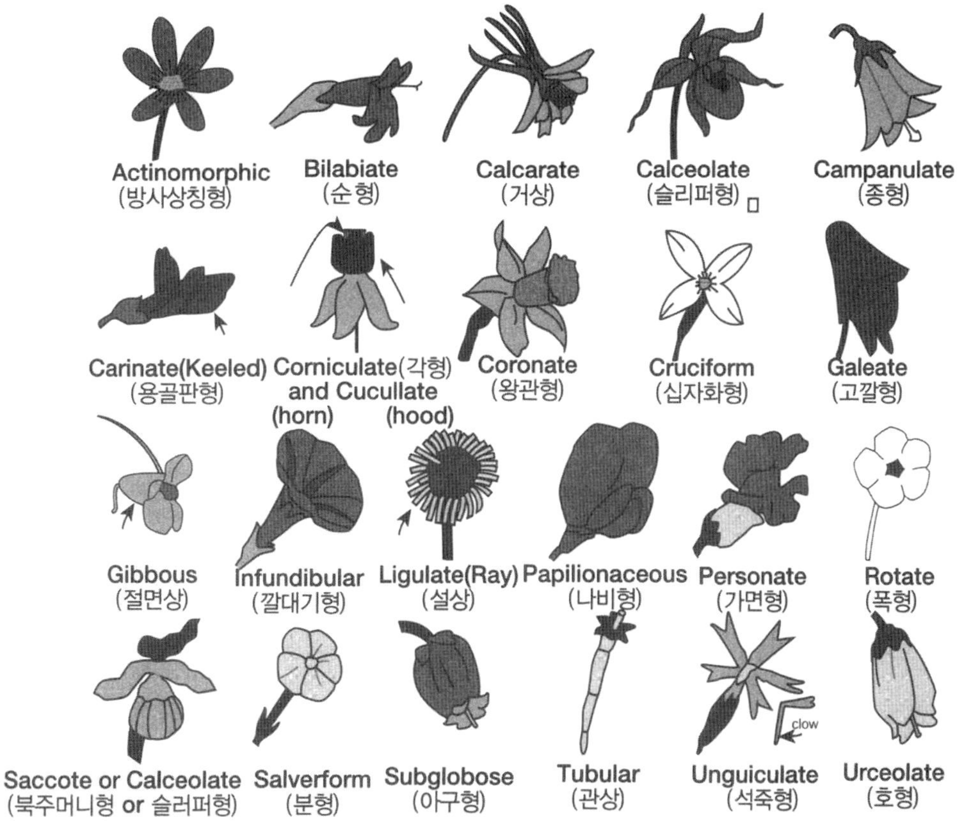

[그림 19.5] 꽃의 종류

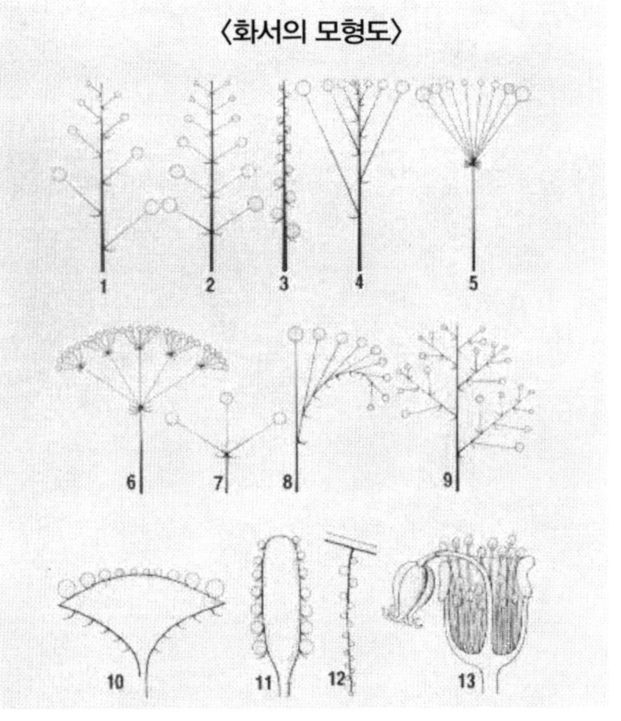

1~2. 총상화서(raceme) 3. 수상화서(spike) 4. 산방화서(corymb) 5. 산형화서(umbel) 6. 복합산형화서(compound umbel) 7. 소취산화서(cymule) 8. 권산화서(drepanium) 9. 원추화서(panicle) 10. 두상화서(head) 11. 육수화서(spadix) 12. 미상화서(catkin) 13. 백상화서(cyathium)

- 총상화서 : 작은 꽃자루의 길이가 거의 같은 꽃들이 화축에 달린다. 예) 등나무, 아카시아
- 수상화서 : 무한화서(無限花序)의 하나이며, 수상화서가 다시 수상으로 배열하는 것을 복수상화서라 한다. 예) 질경이, 오이풀, 화본과 식물 등의 꽃
- 산방화서 : 늦게 갈라진 작은 꽃자루일수록 길어서 끝이 편평하게 된 모양을 이룬다.
- 산형화서 : 총상화서와 같으나 밑에 달린 꽃일수록 꽃대가 길고 꽃이 한 평면상에 배열된다. 두릅나무과 식물의 화서는 마디와 마디 사이가 극도로 단축되어 있어 많은 꽃대가 한군데에서 사방으로 펴져 나가 바람에 뒤집힌 우산살같이 보이므로 산형화서라고 한다.
- 복합산형화서 : 산형화서가 다시 산형으로 달릴 경우는 복합산형화서라고 한다. 미나리과를 꽃차례의 특징상 산형과라고 부르기도 하는데, 미나리과 식물의 대부분은 단꽃차례의 산형꽃차례가 아니고, 복산형 꽃차례이다.
- 권산화서 : 총상(總狀)으로 달린다.
- 원추화서 : 총상화서의 복합형으로 원추형을 이룬다.
- 미상화서 : 무리져 피는 모든 꽃들이 수꽃이든가, 암꽃 1가지로만 이루어져 있다. 또 암술과 수술은 한 꽃에 나타나지 않는다. 예) 호두나무, 너도밤나무 등이 이에 속한다.
- 육수화서 : 수상화서의 축이 육질로 살찐 것. 예) 천남성, 창포
- 두상화서 : 짧은 화축 끝에 작은 꽃자루가 없는 꽃이 밀생한다.
- 배상화서 : 꽃대와 몇 개의 포엽이 변형하여 잔 모양으로 되는 꽃차례. 안쪽에 몇 개의 퇴화한 수꽃이 달리며 잔 바닥에 1개의 암꽃이 달린다. 대극과에서 볼 수 있다.
- 단정화서 : 꽃자루 끝에 1송이 꽃이 달린다.

[그림 19.6] 화서 – 꽃의 줄기나 가지에 배열되는 모양

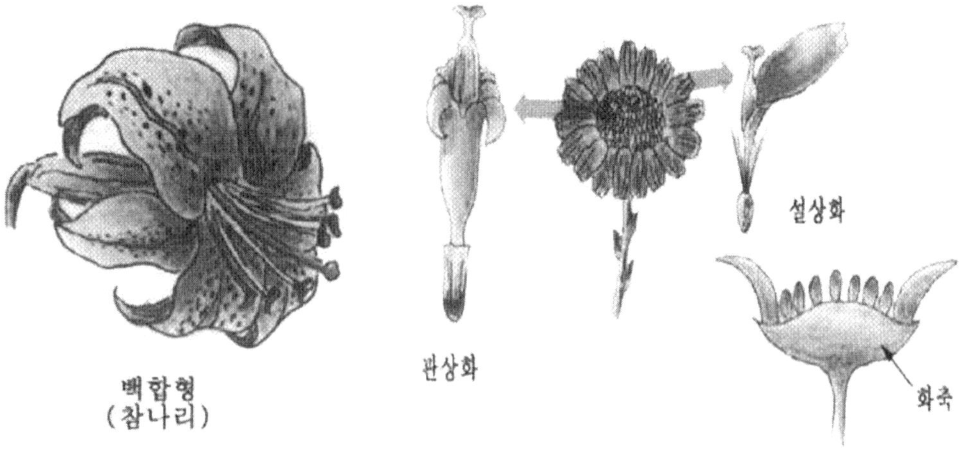

[그림 19.7] 백합과 국화

2) 열 매(fruit)

① 자방이 성숙한 상태이다.

② 과피(pericarp)와 종자(seed)로 구성된다.

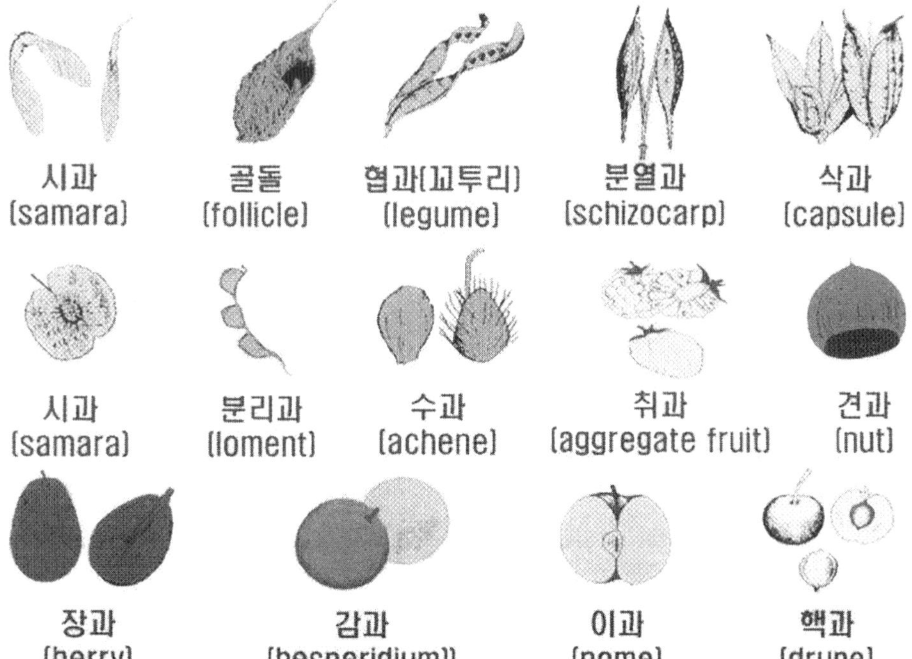

[그림 19.8] 열매의 종류

3 실험 재료 및 기구

- 국화, 백합, 감, 사과 등 꽃과 과일
- 해부칼 또는 면도칼
- 핀셋
- 현미경

4 실험방법

국화와 백합의 꽃의 구조를 관찰하고 감과 사과의 단면을 비교하여 열매의 구조적인 차이가 어디서 기인했는지를 생각해 본다.

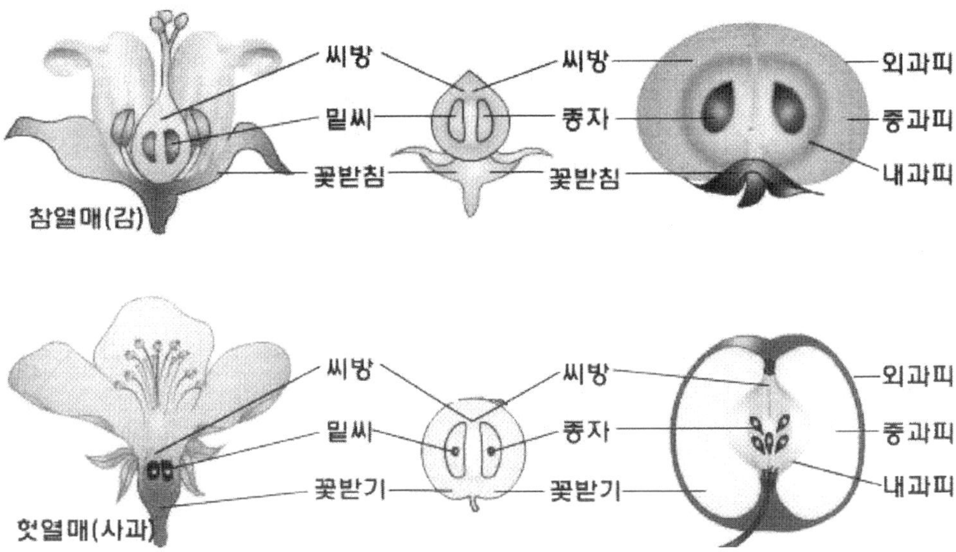

[그림 19.9] 감과 사과의 단면

실험보고서

조번호:	이름:
학번:	학과:
실험일자:	제출일자:

1) 관찰한 식물의 꽃과 열매를 스케치하고, 명칭을 기입하시오.

2) 수분과 수정의 차이점은 무엇인가?

3) 종자와 열매의 차이점은 무엇인가?

4) 곤충과 기타 다른 동물과 같은 수분매개자를 유인하기 위한 꽃들의 전략에는 어떤 것들이 있는가?

5) 생식방법은 크게 유성생식과 무성생식 두 가지로 나눌 수 있다. 이들 각각의 이점과 단점은 무엇인가?

고 | 찰 | 및 | 소 | 감

20 PTC에 의한 미맹검사

1 목 적

여러 가지 농도의 PTC용액을 무작위로 섞어 놓고 맛을 보는 사람은 그 용액의 농도를 알지 못하는 상태에서 돌아가며 용액의 맛을 본 후, 맛이 쓴 순서대로 용액의 번호를 나열한다. 최종적으로 자신의 미각역치를 결정하고 미맹자를 찾아내며, 하아디-바인베르그 법칙에 입각하여 우성(T) 및 열성대립인자(t)의 빈도를 구해봄으로써 집단유전에 있어서의 하아지-바인베르그 법칙을 이해한다.

2 이 론

[1] 집단유전학과 하아디-바인베르그 법칙

잘 익은 포도송이 위에 트랩(trap)을 설치하면 많은 개체군의 초파리를 잡을 수 있다. 1,000개의 초파리를 잡았을 때 그 중 910개는 회색이었고, 90개는 검정색이었다고 하자. 이들을 풀어 놓아 자유로운 교배가 일어나게 한 후 다음 세대의 초파리 개체군을 조사해 보면, 회색인 것과 검정색인 것의 비율이 약 9 : 1로서 그 전 세대와 본질적으로 동일함을 관찰할 수 있다. 연속되는 세대에 대한 개체군의 이러한 안정성에 관한 설명은 멘델의 유전법칙이 인류의 형질에 적용될 무렵인 1908년, 영국인 수학자 하아디(G.H. Hardy)와 독일인 의사 바인베르그(W. Weinberg)에 의해 행하여졌다. 이들은 각각 독자적으로 어떤 집단 내에서 한 세대의 유전자가 다음 세대로 전달될 때 어떠한 형태로 전해지는가에 관한 집단유전학의 기본법칙을 마련하였는데, 이것을 하아디-바인베르그 법칙(Hardy-Weinberg principle)이라 한다. 멘델의 유전법칙이 단 하나의 교배쌍의 자손들 간의 유전자형의 출현빈도를 설명하는데 비해, 하아디-바인베르그 법칙은 전체 개체군의 유전자형에 있어서의 대립인자의 빈도를 기술하고 있다. 이 법칙에 의하면, 무한한 개체수로 이루어진 임의의 생물집단 내에서의 무선택적 교배가 이루어지고, 그 집단 내외로의 유전자의 이입이나 이출이 없으며, 돌연변이나 도태, 유전적 부동(genetic drift) 등이 일어나지 않는 한, 그 집단 내에서의 유전자 빈도는 세대가 거듭되어도 일정하게 유지되어 평형상태를 유지하게 된다. 그리고 이와 같은 평형상태를 하아디-바인베르그 평형(Hardy-Weinberg Equilibrium)이라 한다.

[2] 하아디-바인베르그 법칙에 근거한 유전자 빈도의 계산

예를 들어, 어떤 한 쌍의 대립유전자 A와 a가 있고, A의 빈도를 p, a의 빈도를 q라 했을 때 p+q=1이 되며, p=1-q, q=1-p라는 관계가 성립된다. 따라서 p 또는 q 중 어느 한 쪽 값을 안다면 다른 쪽 값을 쉽게 구할 수 있다. 집단 내에서 이 대립유전자의 유전자형은 AA, Aa 그리고 aa의 세 가지로 구성될 것이다. 이들간의 상호교배에 의해 생기는 자손의 유전자형과 그 빈도는 다음 표와 같다.

표 20-1. 대립유전자 A와 a의 교배 결과 생기는 자손의 유전자형과 빈도

정자 / 난자	p(A)	q(a)
p(A)	p^2(AA)	pq(Aa)
q(a)	pq(Aa)	q^2(aa)

따라서 유전자형이 AA인 개체의 빈도는 p^2, Aa는 2pq, aa는 q^2이 된다. 이때, $p^2+2pq+q^2=(p+q)^2=1^2=1$이다. 임의의 집단이 $p^2AA+2pqAa+q^2aa$와 같이 유전자빈도가 구성되어 있을 때, 다음 세대가 무선택적으로 교배가 이루어졌을 경우, 빈도는 하아디-바인베르그 법칙에 따라서 이전 세대와 같아지는데, 다음의 표에서 알 수 있다.

표 20-2. F_2 의 유전자형과 빈도

수컷 / 암컷	p^2(AA)	2pq(Aa)	q^2(aa)
p^2(AA)	p^4 (AA×AA)	$2p^3q$(Aa×AA)	p^2q^2(aa×AA)
2pq(aa)	$2p^3q$(AA×Aa)	$4p^2q^2$((AA×Aa)	$2pq^3$(aa×Aa)
q^2(aa)	p^2q^2(AA×aa)	$2pq^3$(AA×aa)	q^4 (aa×aa)

이 표에서 이루어진 무선택적 교배로 생긴 자손들의 유전자형의 빈도는 다음 표와 같다.

표 20-3. F_3 의 유전자형과 빈도

교배형 빈도의 조합	교배 결과 형성된 자손		
	AA	Aa	aa
p^4 (AA × AA)	p^4		
$2(2p^3q)$ (AA × Aa)	$2p^3q$	$2p^3q$	
$2p^2q^2$ (AA × aa)		$2p^2q^2$	
$4p^2q^2$ (Aa × Aa)	p^2q^2	$2p^2q^2$	p^2q^2
$2(2pq^3)$ (Aa × aa)		$2pq^3$	$2pq^3$
q^4 (aa × aa)			q^4
합 계	$p^4 + 2p^3q + p^2q^2$ $=p^2(p^2 + 2pq + q^2)$ $=p^2(p + q)^2$ $=p^2$	$2p^3q + 2p^2q^2 + 2p^2q^2 + 2pq^3$ $=2pq(p^2 + 2pq + q^2)$ $=2pq(p + q)^2$ $=2pq$	$p^2q^2 + 2pq^3 + q^4$ $=q^2(p^2 + 2pq + q^2)$ $=q^2(p + q)^2$ $=q^2$

$(p + q=1)$

위의 표에서 보듯이 교배 결과 형성된 자손의 세 유전자형(AA, Aa, aa) 각각에 대한 빈도는 p^2, $2pq$, q^2으로서 부모세대와 동일하게 나타났음을 알 수 있다. 이를 다시 인자의 빈도로 보면 A의 빈도는 $p^2+pq=p(p+q)=p$, a의 빈도는 $pq+q^2=q(p+q)=q$이다.

이와 같이, 임의의 집단이 하아디-바인베르그 평형에 있을 경우, 세대를 거듭하여도 유전자의 빈도는 변함이 없음을 알 수 있다.

표현함			
유전자형	*BB*	*Bb*	*bb*
집단 내 유전자형의 빈도	0.36	0.48	0.16
배우자의 빈도	0.36 + 0.24 = 0.6B		0.24 + 0.16 = 0.4b

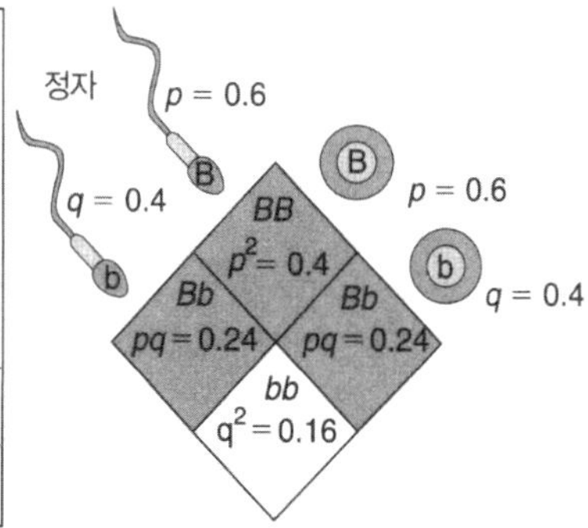

[그림 20.1] 하아디-바인베르그 평형

[3] PTC(phenylthiocarbamide) 미각유전

이상과 같은 형식의 유전형태를 취하는 인류 집단유전의 한 예가 PTC(phenylthiocarbamide) 미각유전이다. PTC에 대한 맛을 느낄 수 있는지의 여부는 유전에 의해 결정되는데, 이 유전은 한 쌍의 대립유전자에 의해 이루어진다. PTC의 쓴 맛을 느끼는 능력은 우성형질(T)이며, 맛을 느끼지 못하는 것은 열성형질(t)로서, 표현형은 미각자(taster)와 미맹자(non-taster)로 분류되지만, 유전자형은 TT, Tt, tt로 구성된다. 대립유전자형이 T-(TT, Tt)인 사람은 미각자로서 PTC의 맛을 느낄 수 있고, tt인 사람은 PTC의 맛을 느낄 수 없는 미맹자이다. 이와 같이 PTC 미각유전은 PTC에 대한 미각을 결정하는 대립인자의 유전자형이 열성동형일 때 미맹이 되는 열성유전 형식을 취하며, 일반적으로 미맹자의 비율은 인류집단에 따라 일정하게 유지된다.

3 시약 및 재료

- PTC 용액(0.13%, 0.065%, 0.0325%, 0.016%, 0.008%)

4 실험기구

- 증류수
- 여과지
- 핀셋
- 비이커

5 실험방법

① 증류수 100mL에 PTC 0.13g을 녹여 0.13%의 PTC용액을 만든다.

② 이 용액을 이전 용액의 반이 되도록 증류수로 1/2씩 희석시키면서 총 5가지 농도의 PTC용액을 만든다.

③ 각 용액의 농도를 알 수 없도록 가린 후 여러 농도의 PTC용액과 증류수를 실험테이블 위에 무작위 순서로 나열해 놓는다.

④ 1×4㎝ 정도로 자른 여과지에 PTC용액을 적셔 혀에 대어 맛을 보면서 용액의 맛과, 맛의 정도를 다른 용액과 비교해 가면서 기록한다.

⑤ 용액의 맛을 다 본 후 맛이 쓴 순서대로 번호를 기록하는데, 어느 용액에서도 쓴맛을 느끼지 못하거나, 순서를 터무니없이 틀리게 정하는 사람은 미맹자로 간주한다.

⑥ 전체 실험자에 대해 미각 및 미맹 여부를 조사한다.

주 의 사 항

01) 용액의 맛을 볼 때, 한 용액의 맛을 보고 나서는 물로 입을 가셔내고 2~3분 후에 다른 농도의 용액을 맛본다.

02) 미각인 사람은 PTC에 대해 주로 쓴맛을 느끼지만, 사람에 따라 짠맛 또는 신맛이라고도 느끼는 경우도 있다.

03) PTC용액이 희석된 각 단계의 수를 미각역치로 삼는데, 즉 처음 농도의 용액의 미각역치를 1로 하면, 1/2로 희석된 두 번째 용액(0.065%)의 미각역치는 2가 된다.

04) 최초로 쓴맛을 느꼈을 때의 희석단계가 그 사람의 미각역치가 된다.

05) 미맹이라 해서 신체적 결함이 있는 것은 아니며, PTC 또한 인체에 무해하다.

실험보고서

조번호:	이름:
학번:	학과:
실험일자:	제출일자:

1) PTC의 맛을 느낄 수 있었는가? 만약 느꼈다면 무슨 맛이었는가(신맛, 짠맛, 쓴맛, 기타)?

2) 자신의 미각역치는?

3) 전체 실험자에 대한 종합적 결과는 어떠한가? 아래의 빈칸을 채우시오.

표 현 형	수	빈 도
미각자		
미맹자		
합 계		

문 | 제 | 및 | 토 | 의

1) 자신의 유전자형은? 만약 유전자형을 알 수 없다면, 그 이유는?

2) 자신의 유전자형일 가능성이 있는 유전자형을 제시하고, 각각의 경우에 부모님과 다른 형제, 자매의 유전자형을 예측하시오.

3) 위 자료를 근거로 우성유전자 T와 열성유전자 t의 빈도를 계산하시오.

4) 하아디-바인베르그 법칙에 근거하여 TT, Tt, tt의 빈도를 계산하시오.

고 | 찰 | 및 | 소 | 감

편저자 약력

김 명 옥

현) 경상대학교 자연과학대학 생물과학부 교수
현) 미래창조과학부 지원 치매제어기술개발융합연구단 단장
경상대학교 자연과학대학 생물학과 학사, 석사, 박사 졸업
서울대학교 자연과학대학 분자생물학과 박사후연구원
(미) Oregon Health Science Univ. & 영장류센터 객원연구 교수

생물학 실험

2024년 1월 15일 인쇄
2024년 1월 30일 발행

편저자 | 김 명 옥
펴낸이 | 김 중 현
펴낸곳 | **녹 문 당**

주소 | 경기도 파주시 심학산로 12 (서패동)
전화 | (031) 957-2711
FAX | (031) 957-2710
신고번호 | 제406-1997-000055호

ISBN 978-89-88684-83-2 93470 값 16,000원